高等职业教育智能建造系列教材

装配式建筑预制混凝土构件生产与管理

主　编　刘美霞　赵　研

副主编　张　中　张银会　杨建华

宁　尚　王洁凝

北京理工大学出版社

BEIJING INSTITUTE OF TECHNOLOGY PRESS

内 容 提 要

本书顺应高等职业教育和行业发展方向，根据高等职业教育的人才培养目标和课程教学要求，融入丰富的案例和行业先进技术，具有较强的针对性和实用性，较好地适应了装配式建筑发展对人才的需求。全书共7章，包括概述、设备及模具、材料、预制混凝土构件制作、预制混凝土构件的运输与存储、预制混凝土构件工厂的管理体系、信息化管理等内容。书中收录大量工程实例图，为读者全面了解预制混凝土构件的生产和管理提供全视角、立体式的阅读体验。

本书可作为高职高专院校建筑工程技术等相关专业的教材，也可作为建筑施工企业员工实训的岗位培训用书，还可供装配式建筑施工技术及管理人员参考。

图书在版编目（CIP）数据

装配式建筑预制混凝土构件生产与管理/刘美霞，赵研主编.—北京：北京理工大学出版社，2020.1（2020.2重印）

ISBN 978-7-5682-8006-8

Ⅰ.①装… Ⅱ.①刘… ②赵… Ⅲ.①装配式混凝土结构—装配式构件—生产管理 Ⅳ.①TU3

中国版本图书馆CIP数据核字（2019）第286355号

出版发行／北京理工大学出版社有限责任公司

社　　址／北京市海淀区中关村南大街5号

邮　　编／100081

电　　话／（010）68914775（总编室）

（010）82562903（教材售后服务热线）

（010）68948351（其他图书服务热线）

网　　址／http://www.bitpress.com.cn

经　　销／全国各地新华书店

印　　刷／天津久佳雅创印刷有限公司

开　　本／787毫米×1092毫米　1/16

印　　张／12

字　　数／280千字

版　　次／2020年1月第1版　2020年2月第2次印刷

定　　价／39.00元

责任编辑／钟　博

文案编辑／孟祥雪

责任校对／周瑞红

责任印制／边心超

本书编写委员会

编审委员会：

杨思忠　伍孝波　刘东卫　初明进　刘　斌
刘若南　孙成双　肖　明　袁　泉　邵　磊
唐伟军

主　　编：

刘美霞　赵　研

副 主 编：

张　中　张银会　杨建华　宁　尚　王洁凝

参编人员：（按姓氏拼音排序）

白晓军　曹　杰　程　立　程玉兰　崔　阳
付灿华　高文禄　高晓明　郭　宁　韩　笑
何小兵　贺　军　皇甫艳丽　黄　婕　黄　新
姜　波　居理宏　李显峰　李　翔　李　仲
刘　昊　刘洪娥　刘立平　刘耀辉　彭　雄
齐景华　钱　鑫　邵　笛　宋岩丽　宋　卓
孙　飞　唐君言　滕东宇　王　安　王付全
王广明　王化锋　王克富　王明远　王　群
王双军　王　燕　王志军　王志礼　徐光辉
徐盛发　许崇华　杨转运　姚一之　郁达飞
张　龙　张淑凡　张一鑫　赵文杰　周　磊
周仲景

总　序

建筑行业在新时代不断地适应全球化发展新趋势，应对层出不穷的新技术带来的新挑战。装配式建筑正在促进建筑产业从劳动强度高、作业环境差、建造方式落后、经营管理粗放、建筑品质较低向劳动轻松愉快、作业环境整洁、建造方式先进、经营管理精细、建筑品质不断提高等方面转变，逐步实现建筑产业与工业化、信息化的深度融合，引导建筑产业的转型升级。

大力发展装配式建筑，是落实中央城市工作会议精神的战略举措，是推进建筑业转型发展的重要方式。随着《中共中央国务院关于进一步加强城市规划建设管理工作的若干意见》《国务院办公厅关于大力发展装配式建筑的指导意见》等一系列政策文件的出台，装配式建筑逐步走向了规模化发展。装配式建筑是建筑技术、管理、机制的创新，通过建筑建造方式的变革，推动建筑业转型升级、走绿色发展之路，是建筑业落实国家提出的推动供给侧结构性改革的重要举措，是促进人民居住水平不断提高、适应全社会对建筑品质要求的重要途径。随着装配式建筑日益推广，人才缺乏成为主要的制约因素。

为深入贯彻落实习近平总书记在全国教育大会上的讲话精神以及《国家教育事业发展“十三五”规划》《高等职业教育创新发展三年行动计划》等相关文件精神，加快高职教育改革和发展步伐，全面提高建筑产业现代化人才培养质量，需要对课程体系建设进行深入探索，在此过程中，教材无疑起着至关重要的基础性作用，高质量、先进理念的教材是提高我国装配式建筑人才队伍建设水平的重要保证。

为改变建筑业人才技能与素质普遍低下、职业教育严重滞后的瓶颈，适应装配式建筑和建筑产业现代化发展的需要培养更多掌握装配式建筑基本理论和实际操作的装配式建筑人才，亟需多途径共同推动。高等职业教育以培育生产、建设、管理、服务第一线的高素质技术技能人才为根本任务，在建设人力资源强国和高等教育强国的伟大进程中发挥着不可替代的作用。

因此，住房和城乡建设部科技与产业化发展中心组织了一批具有丰富理论知识和实践经验的企业专家、科研院所专家、大学一线教师，成立了装配式建筑系列教材编审委员会，着手编写本套重点支持建筑工程专业群的装配式建筑系列教材。通过紧密对接装配式建筑全产业链的龙头企业，系统总结目前我国装配式建筑技术的生产实践，在完成初稿的基础上，经过不同角色专家的三轮修改完善，力求教材内容逻辑清晰、结构合理、表述生动、交互性强、数字化浓、特色显著，以实现真实工作任务为载体的项目化教学，突出以学生自主学习为中心，以问题为导向的理念，评价体现过程性考核，充分体现现代高等职业教育特色。在开发教材的同时，各门课程建成了涵盖课程标准、电子教案、教学课件、图片资源、视频资源、动画资源、试题库、实训任务书等在内的丰富完备的数字化教学资源，将多种学习方式有机整合，形成教师好用、学生爱学的数字化教材。因此本套教材的出版，既适合高职院校建筑工程类专业教学使用，也可作企业实训员工的岗位培训用书。培训的过程和考测结果，直接采集到住房和城乡建设部科技与产业化发展中心“装配式建筑产业信息服务平台”，便于相关企业招聘时予以采信。希望通过此系列教材的出版，能够为解决装配式建筑产业发展的人才瓶颈问题做出贡献，也对促进当前高职院校“特高”建设具有指导借鉴意义。

前　言

随着《中共中央 国务院关于进一步加强城市规划建设管理工作的若干意见》《国务院办公厅关于大力发展装配式建筑的指导意见》等一系列政策文件的出台，各级政府对装配式建筑政策引导和支持力度不断加大，我国装配式建筑迎来了黄金发展期。

装配式建筑代表了一种新型建造方式，其突出特点是将一部分现场作业工作转移到工厂进行，在工厂加工制作好后运输到施工现场进行装配安装。随着装配式建筑规模的不断扩大，预制混凝土构件生产企业迅速成为推进装配式建筑发展的重要主体，大批预制混凝土构件生产企业以转型、新建、兼并等模式，纷纷进入装配式建筑行业。目前，装配式建筑尚处于发展初期，其设计、生产、施工、监理、验收等各环节管理都有待加强，其中较为突出的是预制混凝土构件生产质量管理问题。因此，如何做好预制混凝土构件生产管理，是现阶段行业面临的一大紧迫任务。

为满足高校教学和行业发展需求，住房和城乡建设部科技与产业化发展中心牵头，邀请行业专家和高校教师共同编写了本教材。本教材从七个方面详细介绍了预制混凝土构件工厂布置及常用生产方式、设备及模具管理、材料检验与管理、预制混凝土构件制作、预制混凝土构件运输与存储、预制混凝土构件工厂管理体系和信息化生产管理等内容。

通过前期大量的调研，本教材制定了符合高等职业教育和行业发展的教材体系，教材内容符合高等职业教育的人才培养目标和课程教学要求，适应社会发展对人才的需求，并融入丰富的案例和行业先进技术，能够理论联系实际，具有学科发展上的先进性和教学上的实用性。本教材具有以下特点：

1. 以预制混凝土的生产线为主线，兼顾预制混凝土工厂的建设过程与生产管理，并涵盖预制混凝土的生产与验收的整个过程。

2. 以叠合板、三明治墙板、预制楼梯的生产工艺为例，详细介绍预制混凝土构件生产的各个环节，能正确阐述本学科的基本理论和基本知识。

3. 以住房和城乡建设部科技与产业化发展中心的“装配式建筑产业信息服务平台”为主线，结合真实的工程案例，详细介绍了预制混凝土构件生产过程中各个环节的生产与质量管理。

感谢北京市燕通建筑构件有限公司、北京住总万科建筑工业化科技股份有限公司、河北新大地建设工程有限公司、中铁十四局集团建筑科技有限公司等单位对本教材编写提供了丰富的图片素材和文字资料。

本教材在编写过程中参阅了相关的论著与资料，在此谨向相关作者表示由衷的感谢。由于编写时间仓促，编者的实践经验有限，教材中难免存在不足之处，敬请专家、读者批评指正，不胜感激。

编　者

目　录

第1章　概述

1.1　预制混凝土构件工厂组成

通常，预制混凝土构件工厂包括生产区域、办公区域和生活区域三部分。其中，生产区域主要是指预制混凝土构件工厂内的生产车间及预制混凝土构件成品的存放场地；办公区域主要用于工厂管理人员的办公；生活区域主要满足工厂管理人员及一线工人的生活所需。

1.2　预制混凝土构件工厂布置

预制混凝土构件工厂布置一般遵循总平面布置和车间工艺布置两大原则。

1.2.1　总平面布置

1.2.1.1　总体要求

预制混凝土构件工厂的选址应符合城市总体规划及国家有关标准的要求，符合当地的大气污染防治、水资源保护和自然生态环保等方面的要求，而且需通过环境影响评价。还应综合考虑工厂的服务半径，交通运输条件，水、电、气(汽)、热等多方面的因素，宜远离居民区、城市闹区、风景区和自然保护区等。

在选择厂址时，必须妥善处理的关系有：一是为了降低产品的运输费用，厂址宜靠近主要用户，缩小供应半径；二是为了降低原料的运费，厂址宜靠近原料产地；三是为了降低产品加工费，宜将大型生产企业集中布置，以便采用先进生产技术，降低附加费用，但这又必然使供应半径扩大，产品运输费用增加。因此，应正确处理以上关系，有效降低产品成本和工程造价。

预制混凝土构件工厂的总平面布置应根据厂址所在地区的自然条件，结合生产、运输、电力、通信、给水排水和环境保护等方面因素，综合考虑并确定预制混凝土构件工厂的总体规划。总平面设计的原始资料包括以下几点：

(1)工厂的组成；

(2)各车间的性质及大小；

(3)各车间之间的生产联系；

(4)建厂地区的地形、地质、水文及气象条件；

(5)建厂区域内可能与本厂有联系的现有的与设计中的住宅区、工业企业，运输、动力、卫生、环境、其他线路网以及构筑物的资料；

(6)厂区货流与人流的大小和方向。进行预制混凝土构件工厂总体规划时，应力求做到生产区域、办公区域和生活区域分工明确、布局合理、互不影响。生产区域、办公区域和生活区域宜分开设置。对于大型预制混凝土构件工厂，除设置单独的办公区域外，为方便生产管理，可在生产区域设置与生产一线管理人员相关的办公区域，管理区域相对独立。试验室可与混凝土搅拌站设置在同一个区域内，方便进行原材料的试验检验。对于没有集中供汽的预制混凝土构件工厂，取暖供热的锅炉房应当独立设置。预制混凝土构件工厂的布置图，如图 1.1、图 1.2 所示。预制混凝土构件工厂的基本设置见表 1.1。

图 1.1　预制混凝土构件工厂的布置图

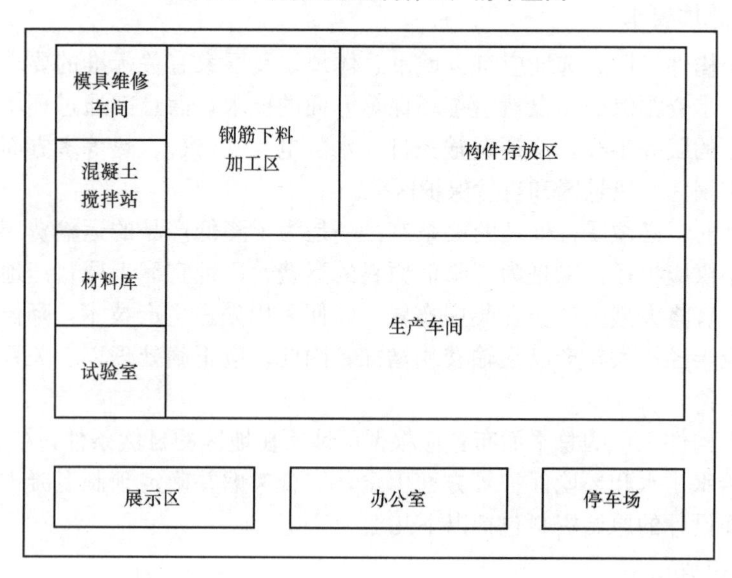

图 1.2　预制混凝土构件工厂的平面布置图

表 1.1　预制混凝土构件工厂的基本设置一览表

<table>
<tr><th rowspan="3">类别</th><th rowspan="3">项目</th><th rowspan="3">单位</th><th colspan="4">生产规模</th></tr>
<tr><th colspan="2">5 万立方米</th><th colspan="2">10 万立方米</th></tr>
<tr><th>固定模台</th><th>流水线</th><th>固定模台</th><th>流水线</th></tr>
<tr><td rowspan="3">人员数量</td><td>管理技术人员</td><td>人</td><td>15～20</td><td>15～20</td><td>20～30</td><td>20～30</td></tr>
<tr><td>生产工人</td><td>人</td><td>75～80</td><td>25～40</td><td>120～150</td><td>70～90</td></tr>
<tr><td>合计</td><td>人</td><td>80～100</td><td>40～60</td><td>130～170</td><td>90～120</td></tr>
<tr><td rowspan="9">建筑面积</td><td>预制混凝土
构件制作车间</td><td>m^2</td><td>6 000～8 000</td><td>4 000～6 000</td><td>12 000～16 000</td><td>10 000～12 000</td></tr>
<tr><td>钢筋加工车间</td><td>m^2</td><td>2 000～3 000</td><td>2 000～3 000</td><td>3 000～4 000</td><td>3 000～4 000</td></tr>
<tr><td>仓库</td><td>m^2</td><td>100～200</td><td>100～200</td><td>200～300</td><td>200～300</td></tr>
<tr><td>试验室</td><td>m^2</td><td>200～300</td><td>200～300</td><td>200～300</td><td>200～300</td></tr>
<tr><td>工人休息室</td><td>m^2</td><td>50～100</td><td>50～100</td><td>100～200</td><td>100～200</td></tr>
<tr><td>办公室</td><td>m^2</td><td>1 000～2 000</td><td>1 000～2 000</td><td>1 000～2 000</td><td>1 000～2 000</td></tr>
<tr><td>食堂</td><td>m^2</td><td>300～400</td><td>200～300</td><td>400～500</td><td>400～500</td></tr>
<tr><td>模具修理车间</td><td>m^2</td><td>500～700</td><td>500～700</td><td>800～1 000</td><td>800～1 000</td></tr>
<tr><td>建筑合计</td><td>m^2</td><td>10 150～14 700</td><td>6 050～10 600</td><td>17 700～24 300</td><td>15 700～20 300</td></tr>
<tr><td rowspan="7">场地、道路面积</td><td>构件存放场地</td><td>m^2</td><td>10 000～15 000</td><td>10 000～15 000</td><td>20 000～25 000</td><td>20 000～25 000</td></tr>
<tr><td>材料库场</td><td>m^2</td><td>2 000～3 000</td><td>2 000～3 000</td><td>3 000～4 000</td><td>3 000～4 000</td></tr>
<tr><td>产品展示区</td><td>m^2</td><td>500～800</td><td>500～800</td><td>500～800</td><td>500～800</td></tr>
<tr><td>停车场</td><td>m^2</td><td>500～800</td><td>500～800</td><td>800～1 000</td><td>800～1 000</td></tr>
<tr><td>道路</td><td>m^2</td><td>5 000～6 000</td><td>5 000～6 000</td><td>6 000～8 000</td><td>6 000～8 000</td></tr>
<tr><td>绿地</td><td>m^2</td><td>3 400～4 600</td><td>3 400～4 600</td><td>4 500～5 500</td><td>4 500～5 500</td></tr>
<tr><td>场地合计</td><td>m^2</td><td>21 400～29 200</td><td>21 400～29 200</td><td>30 300～44 300</td><td>30 300～44 300</td></tr>
<tr><td rowspan="8">设备、能源</td><td>混凝土搅拌站</td><td>m^3</td><td>1.5～2</td><td>1.5～2</td><td>2～3</td><td>2～3</td></tr>
<tr><td>钢筋加工设备</td><td>t/h</td><td>1～2</td><td>1～2</td><td>2～4</td><td>2～4</td></tr>
<tr><td>电容量</td><td>kV·A</td><td>400～500</td><td>600～800</td><td>800～1 000</td><td>1 000～1 200</td></tr>
<tr><td>水</td><td>t/h</td><td>4～5</td><td>4～5</td><td>5～6</td><td>5～6</td></tr>
<tr><td>蒸汽</td><td>t/h</td><td>2～3</td><td>2～3</td><td>4～6</td><td>4～6</td></tr>
<tr><td>场地龙门式起重机
（16 t、20 t）</td><td>台</td><td>2</td><td>2</td><td>2～4</td><td>2～4</td></tr>
<tr><td>车间桥式起重机
（5 t、10 t、16 t）</td><td>台</td><td>8～12</td><td>4～8</td><td>10～16</td><td>4～8</td></tr>
<tr><td>叉车（3 t、8 t）</td><td>辆</td><td>1～2</td><td>1～2</td><td>2～3</td><td>2～3</td></tr>
</table>

1.2.1.2 区域的用途

1. 生产区域

预制混凝土构件工厂内的生产区域主要是指预制混凝土构件的生产车间及预制混凝土构件成品的存放场地。生产车间应根据规划产品进行工艺布置，占地面积应满足使用要求，避免拥挤。合理的生产工艺布置会减少厂区内材料、半成品和成品的搬运，减少各工序之间的相互干扰。

在生产区域内还应设置预制混凝土构件存放区，用于存放未出厂的预制混凝土构件合格品，存放区的场地应平整、坚实，设有排水措施，并应配有桥式起重机或龙门式起重机，方便预制混凝土构件成品的吊运、堆放与运输。

2. 办公区域

预制混凝土构件工厂内应按照工厂的组织架构，合理地进行人员配置，将从事同一岗位的管理人员安排在同一楼层或同一办公区域内，方便沟通和交流。为方便员工就餐与休息，尽量将餐厅设置在办公区域和生活区域之间。

3. 生活区域

为方便员工休息，可在预制混凝土构件工厂内设置独立的生活区域。宿舍宜设置成单人间、双人间和四人间，并配备水、电、暖、卫生间等满足日常生活所需必备品。

1.2.1.3 各区域的组成

预制混凝土构件工厂各区域的组成见表1.2。

表1.2 预制混凝土构件工厂各区域的组成

序号	区域组成	具体内容
1	生产区域	库房、试验室、混凝土搅拌站、钢筋车间、模具车间、预制混凝土构件制作车间、预制混凝土构件堆放区、预制混凝土构件成品展示区等
2	办公区域	办公楼、停车场、新技术展厅等
3	生活区域	员工宿舍、餐厅、活动场地等

1.2.1.4 道路交通组织

预制混凝土构件工厂内的道路需要满足原材料进厂、成品厂内运输以及厂外运输的要求，宜分为机动车道、非机动车道和人行道。各区域应规划专用停车场。非预制混凝土构件运输车和非机动车辆应禁止在生产区行驶。预制混凝土构件运输机动车道应满足17 m长挂车的行驶和转弯半径的要求。

生产车间内设置的道路要满足模具、钢筋、混凝土和成品等物品的运输以及操作人员的流动，实行人、物分流，避免相互干扰，确保生产作业安全。砂、石、钢筋等原材料进货通道宜单独设置。

1.2.1.5 综合管网布置

预制混凝土构件工厂应根据生产工艺设置供水、供电、供暖、供气(汽)等网络，而且应在预制混凝土构件工厂建设规划时统一考虑。有条件的预制混凝土构件工厂可以建设小型综合管廊。各类管网应满足以下要求：

(1)水：包括生活用水、混凝土搅拌用水、构件冲洗用水等。生活用水应满足《生活饮用水卫生标准》(GB 5749—2006)的要求；混凝土搅拌用水应满足《混凝土用水标准》(JGJ 63—2006)的要求；构件冲洗用水应满足《城市污水再生利用 工业用水水质》(GB/T 19923—2005)的要求。

(2)电：包括生产用电、生活用电和办公用电。预制混凝土构件工厂用电应根据生产设备配备、产品规划及产能确定。以年产15万立方米预制混凝土构件工厂为例，生产用电要求总功率不低于2 000 kVA。为避免后期功率不足造成电压不稳，在预制混凝土构件工厂建厂时应考虑是否需要单独设置增容线，如需单独设置需在建厂时提前进行布线，避免因建设期考虑不周对实际操作及工程总造价造成影响。

(3)气：主要是满足构件生产及办公生活所需的天然气介质，应及时办理相关用气的审批手续。

(4)暖：生产区域、办公区域和生活区域建议采用集中供暖。根据预制混凝土构件工厂生产需要，如生产区域无法满足集中供暖的要求可采用蒸汽锅炉自行供暖，但需要做好环保措施。

(5)汽：主要用于预制混凝土构件的蒸汽养护。

综上所述，无论是预制混凝土构件工厂内各区域的规划还是相关配套设施的建设，都需要在预制混凝土构件工厂建厂时考虑全面，合理规划与施工，若因前期考虑不全后期单独建设既影响工期又会增加建设成本。

1.2.2 车间工艺布置

车间工艺布置是根据已确定的工艺流程和工艺设备选型的资料，结合建筑、给水排水、采暖通风、电气和自动控制并考虑到运输等的要求，通过设计图将生产设备在厂房内进行合理布置。通过车间工艺布置对辅助设备和运输设备的某些参数(如容积、角度、长度等)、工业管道、生产场地的面积最终予以确定。

工艺布置时，应注意以下原则：

(1)保证车间工艺顺畅。力求避免原料和半成品的流水线交叉现象。缩短原料和半成品的运距，使车间布置紧凑。

(2)保证各设备有足够的操作和检修场地以及车间的通道面积。

(3)应考虑有足够容量的原料、半成品、成品的料仓或堆场，与相邻工序的设备之间有良好的运输联系。

(4)根据相应的安全技术和劳动保护要求，对车间内的某些设备或机组、机房进行间隔(如防噪声、防尘、防潮、防蚀、防振等)。

(5)车间柱网、层高符合建筑模数制的要求。在进行车间工艺布置时，必须注意两个方面的关系：一是主要工序与其他工序之间的关系；二是主导设备与辅助设备和运输设备之间的关系。设计时可根据已确认的工艺流程，按主导设备布置方法对各部分进行布置，然后以主要工序为中心将其他部分进行合理搭接。在车间工艺布置图中，各设备一般均按示意图形式绘出，并标明工序间、设备间以及设备与车间建筑结构之间的关系尺寸。

1.2.2.1 混凝土搅拌站布置

由于混凝土搅拌系统不宜一直处于满负荷工作的状态，因此混凝土搅拌站的生产能力应为预制混凝土构件工厂设计产能的1.5倍左右。混凝土搅拌站布置如图1.3所示。

图1.3 混凝土搅拌站

预制混凝土构件工厂的混凝土搅拌站布置应体现以下特点：

(1)预制混凝土构件工厂混凝土搅拌站应尽量靠近混凝土布料机位置，减少混凝土的输送距离。根据不同工厂预制混凝土构件生产工艺和流水线布局，混凝土搅拌站可以集中布置在多跨车间一侧(图1.4)，也可分散布置在车间两侧(图1.5)，或者布置在车间的中部(图1.6)。

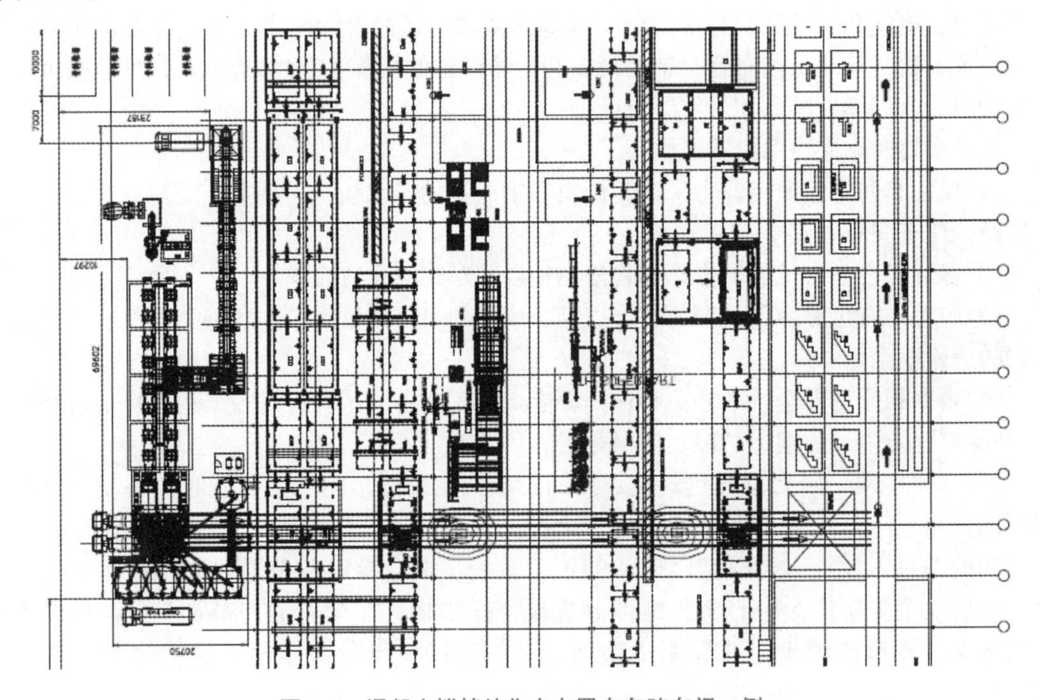

图1.4 混凝土搅拌站集中布置在多跨车间一侧

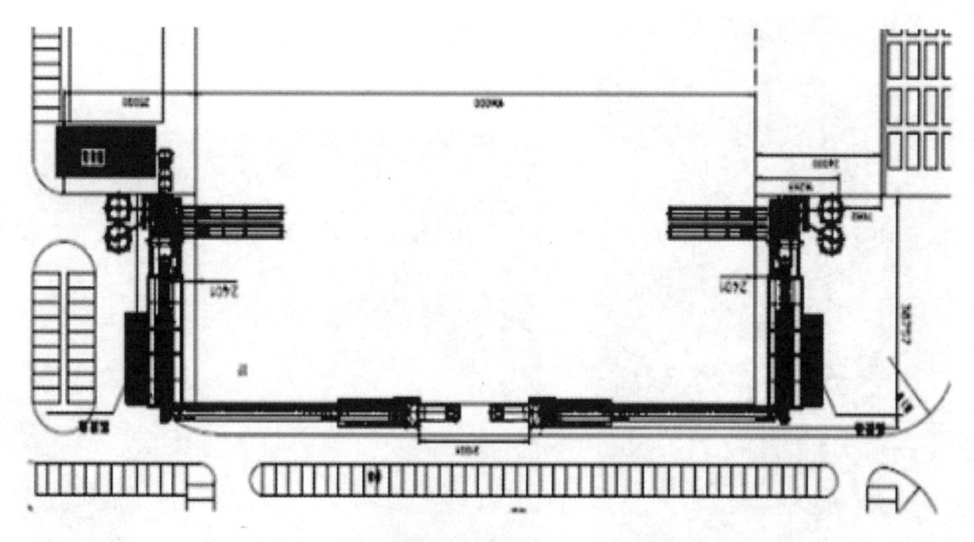

图 1.5　混凝土搅拌站分散布置在车间两侧

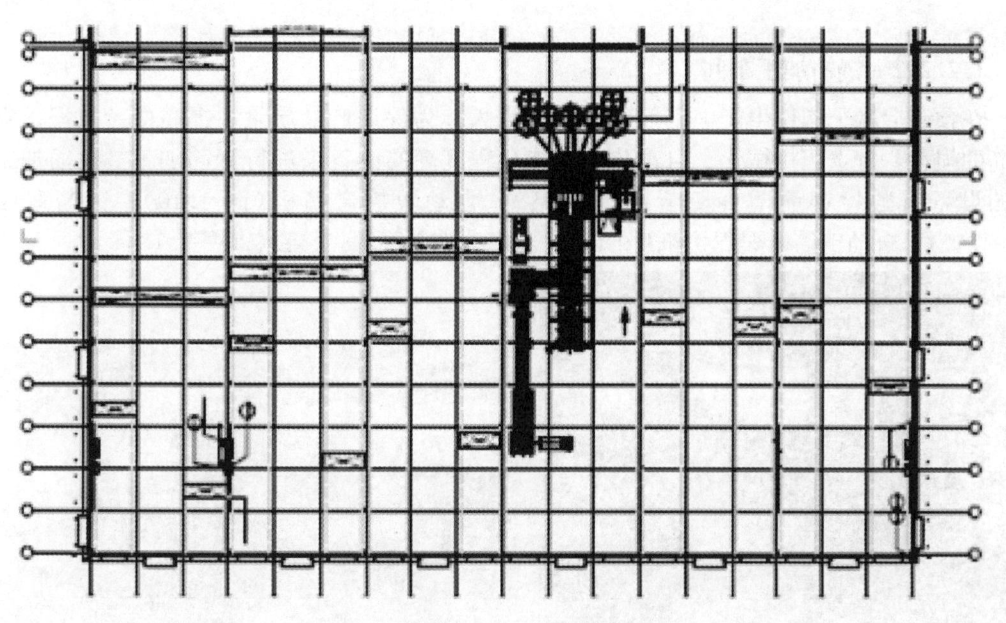

图 1.6　混凝土搅拌站布置在车间中部

(2)无论混凝土搅拌站采用哪种布置方式，处于环保要求，搅拌机和配套设备设施都建议安装在生产车间内。在满足生产需要的前提下，尽可能缩小占地面积，减少车间建设费用或提高车间的利用效率，因此，国内外普遍采用提斗式上料系统(图 1.7)。

(3)预制混凝土构件工厂宜选择立轴强制式混凝土搅拌主机(图 1.8)，同时尽量选择自动化程度较高的设备，减少人工操作。

混凝土搅拌主机每日使用完后需用清水清洗干净。为满足环保和节约的要求，混凝土搅拌站应当设置废水处理系统，将清洗混凝土搅拌机、混凝土输送料斗和混凝土布料机所产生的废水进行处理，通过沉淀的方式来完成废水的回收、利用，可用于处理搅拌主机内残余的混凝土，并利用砂、石分离机将剩余的砂、石分离出来进行二次回收利用。

图 1.7　提斗式上料系统

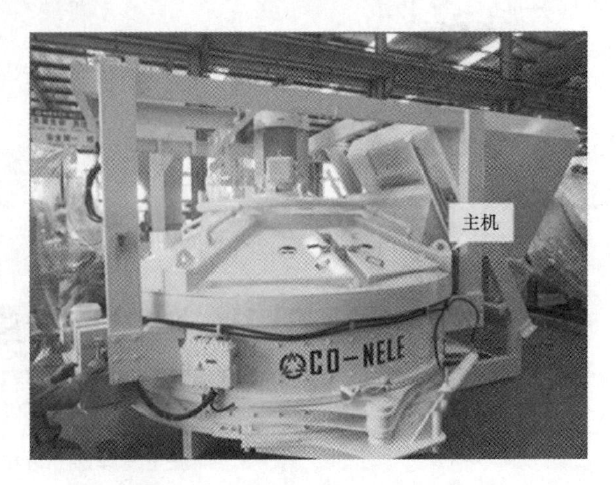

图 1.8　立轴强制式混凝土搅拌主机

1.2.2.2　钢筋加工车间

在预制混凝土构件生产中钢筋的使用量较大，为保证产品质量、提高生产效率、降低钢筋的损耗，宜选用机械化、自动化、智能化程度高的设备来进行钢筋加工。钢筋加工常用的设备有数控钢筋调直切断机(图 1.9)、自动数控弯箍机(图 1.10)、钢筋弯曲机(图 1.11)、自动钢筋桁架焊接机(图 1.12)和标准钢筋网片焊接设备(图 1.13)。

图 1.9　数控钢筋调直切断机

图 1.10　自动数控弯箍机

图 1.11　钢筋弯曲机

图 1.12　自动钢筋桁架焊接机

图 1.13　标准钢筋网片焊接设备

1.2.2.3　模具加工车间布置

在预制混凝土构件生产中，由于预制混凝土构件种类众多，模具的使用量大，不同的预制混凝土构件需采用相应的专用模具，有条件的预制混凝土构件工厂宜设置独立的模具加工车间或模具加工区。模具加工常用设备有剪板机、切割机、折弯机、CO_2气体保护半自动焊机、钻床等，预制混凝土构件工厂可根据自身情况选择适合的设备进行模具加工。

1.2.2.4　预制混凝土构件制作车间布置

为方便、快速建厂并投入生产使用，预制混凝土构件工厂内的生产车间常采用大跨度的单层钢结构厂房设计(或预制混凝土结构)，如图 1.14 所示。

图 1.14　生产车间

车间设计的跨度为2～6跨不等，车间长度为120～260 m，单跨宽度为24～27 m。厂房高度应综合考虑起重机的起吊高度、养护窑的高度以及厂房的采光通风等方面因素。

车间内的地面宜采用水泥混凝土硬化地面，厚度不低于200 mm。基层宜采用三七灰土或水泥稳定碎石、水泥稳定砂砾。软弱地基宜采用换填法处理。

车间的布置应先确定预制混凝土构件的类型，再确定生产工艺，从而进行车间设计。施工时，先施工各设备的基础、预埋地脚螺栓。其中，预制混凝土构件生产线中振动台、立体养护窑的基础，需考虑设备作业时的实际荷载，以保证设备的运行安全。与生产线配套的水、电、暖、气等供应设备，应提前预留预埋，确保位置准确。

预制混凝土构件生产车间在设计时应综合考虑经济适用、布局合理及节能环保等方面因素，并应满足以下几点要求：

(1)生产设备要按工艺流程的顺序配置，在保证生产、安全及环境卫生的前提下，尽量节省厂房面积与空间，减少各种管道的铺设。

(2)生产车间尽量采用自然采光与自然通风，也可以采用室内照明或室内换气辅助，保证各个操作区域有良好的劳动条件。

(3)生产车间内的道路交通应便捷、流畅、无阻碍，一旦发生生产事故，车间内的人员能迅速、安全地疏散，保证人身安全。

(4)厂房内的结构要简单、紧凑，并预留一定空间，为生产发展及技术革新等创造有利条件。

1.2.2.5 预制混凝土构件堆场

预制混凝土构件堆放区是预制混凝土构件的存放场地，也可作为预制混凝土构件的质量检查、外观修补的处理场地。预制构件堆放区宜选择室外，场地应平整、坚实，并应有良好的排水措施。有条件的工厂也可将预制混凝土构件堆放区设置在室内。预制混凝土构件堆放场地如图1.15所示。

图1.15 预制混凝土构件堆放场地

为方便运输，预制混凝土构件堆放区应与生产车间相邻，减少运输距离，在堆放区应设置桥式起重机或龙门吊，方便预制混凝土构件的存放与运输。预制混凝土构件堆放时应留有操作空间，并设运输车辆专用通道，方便运输车辆的通行。

预制混凝土构件脱模后需进行粗糙面的处理，因此，应设置独立的预制混凝土构件冲洗区；预制混凝土构件冲洗完成，需进行预制混凝土构件的成品检验，对于需要修补的构件应设置预制混凝土构件暂存区和预制混凝土构件修补区。

(1)预制混凝土构件冲洗区。预制混凝土构件与现浇混凝土接触部分需要做粗糙面处理，在预制混凝土构件生产现场就需要完成此工序的相关内容。根据生产线及生产车间的整体规划，规划单独的冲洗区，利用高压水流完成预制混凝土构件表面的粗糙化处理。

(2)预制混凝土构件暂存区。预制混凝土构件冲洗完成后，吊至暂存区存放，暂存一定时间后运至构件堆场，一方面确保预制墙体的温度与室外环境温差符合基本要求；另一方面等待转运到构件堆场。构件暂存区域至少应能满足一个班次生产构件的存储量。

(3)预制混凝土构件修补区。预制混凝土构件在生产过程中，由于各种原因造成构件存在一些瑕疵，但是还不影响构件结构性能、安装及使用功能，在这种情况下，就要对预制混凝土构件进行修补，确保预制混凝土构件符合成品的质量标准。

1.2.2.6 库房

库房可分为原材料库、备品备件库、辅料库等，既可单独设计，也可与生产车间共同设计。混凝土原材料库应和搅拌站共同设计。钢筋原材料库宜与钢筋加工车间共同设计。备品备件库、辅料库、保温材料库应结合生产车间统一规划存放。

还应注意，各类原材料的存放应根据原材料的特性进行存放，确保原材料在使用时的质量要求。

1.3 预制混凝土构件生产方式

1.3.1 常用预制混凝土构件的种类

预制混凝土构件(简称预制构件，或PC构件)是在工厂或现场预先生产制作的混凝土构件。

在预制混凝土构件生产中，常见的预制混凝土构件种类有叠合板、叠合梁、预制外墙板、预制内墙板、预制楼梯、预制阳台板、三明治墙板等。各类预制混凝土构件详见图1.16～图1.22所示。

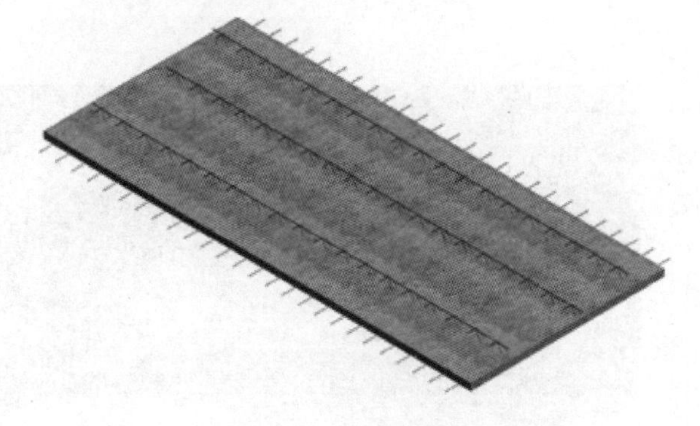

图1.16 桁架叠合板

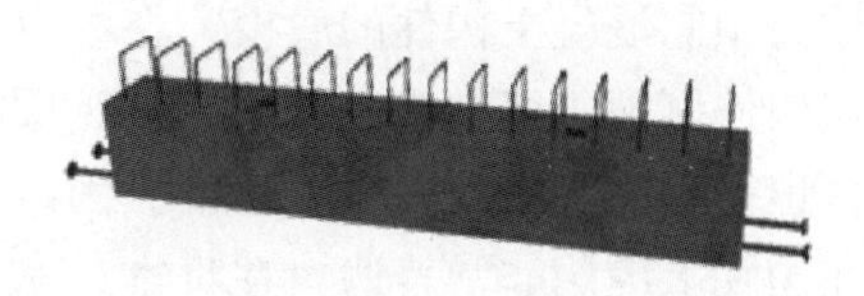

图1.17 叠合梁

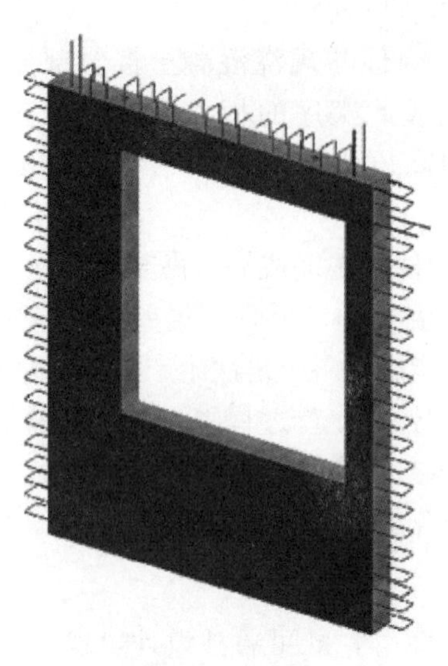
图 1.18　预制外墙板

图 1.19　预制内墙板

图 1.20　预制楼梯

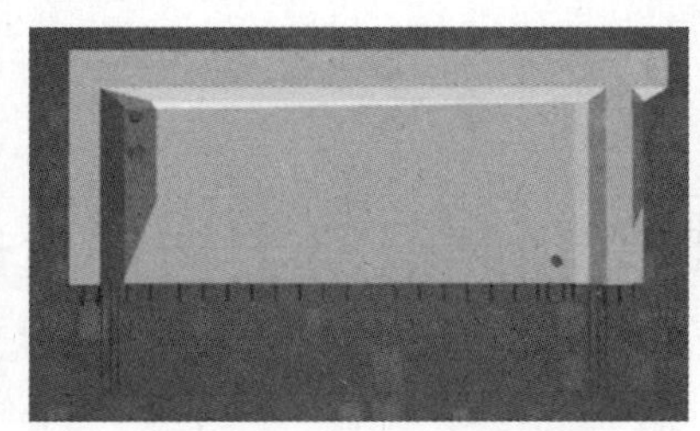
图 1.21　预制阳台板

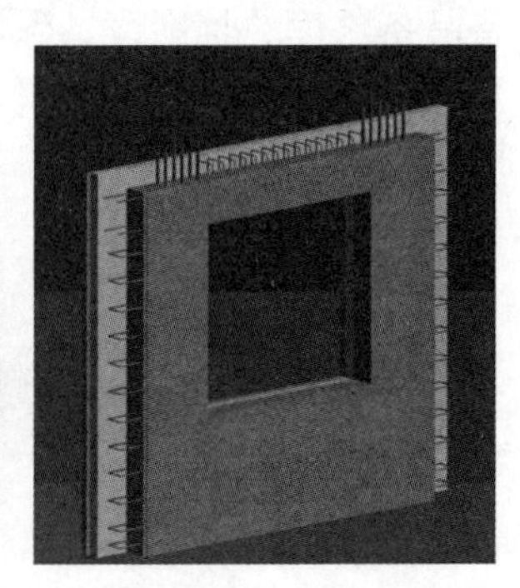
图 1.22　三明治墙板

1.3.2　常用生产工艺

预制混凝土构件一般采用流水线生产方式，流水线方式又可分为固定台座工艺、机组流水线工艺、立模工艺和长线台座工艺。

1.3.2.1　固定台座工艺

所谓固定模台，是指一块平整度较高的钢平台或高平整度、高强度的水泥基材料平台，如图 1.23 所示。以这块固定模台作为预制混凝土构件的底模，在模台上固定构件侧模，组合成完整的模具。固定模台也被称为底模、平台或台模。固定模台在国际上应用非常普遍，在日本、东南亚地区以及美国和澳洲应用比较多，其中在欧洲生产异型构件以及工艺流程比较复

图 1.23　固定模台

杂的构件，也可采用固定台座工艺。

固定台座工艺是指模台是固定不动的，作业人员和钢筋、混凝土等材料在各个模台间“流动”。绑扎或焊接好的钢筋用起重机运送到各个固定模台处；混凝土用送料机或送料吊斗运送到固定模台处，养护蒸汽管道也通到多个固定模台下，PC构件就地养护；构件脱模后再用起重机运送到预制混凝土构件存放区。固定台座工艺又可分为平模工艺和立模工艺。

也就是说，按照生产规模，在生产车间内布置一定数量的固定模台，组装模具、放置钢筋与预埋件、浇筑混凝土、振捣混凝土、养护构件和拆除模具等工序都在固定模台上进行。其加工对象位置相对固定，而操作人员按不同工种依次在各工位上操作。

固定台座工艺是预制混凝土构件制作中应用最广泛的一种制作工艺。其具有适用范围广、适应性强、加工工艺灵活、启动资金少等优点。由于模台间不能移动，其占地面积大、人工消耗量大，多数情况下生产效率较低，但适用范围广，适用于柱、梁、楼板、墙板、飘窗板、阳台板、转角构件等各类预制混凝土构件的生产。

固定台座工艺的工艺流程：根据设计图纸进行原材料预算，计划采购各种原材料的种类和数量(钢筋、水泥、砂子、石子等)，包括固定模台与侧模。将模具按照设计图纸进行组装，吊入已加工好的钢筋骨架，同时安装好各类预埋件，将预拌好的混凝土通过布料机或布料料斗注入组装好的模具内，经过混凝土抹面后覆膜养护预制混凝土构件，经过蒸汽养护使其达到脱模强度，经过检验合格后方可运输到预制混凝土构件存放区。固定模台作业流水示意如图1.24所示。

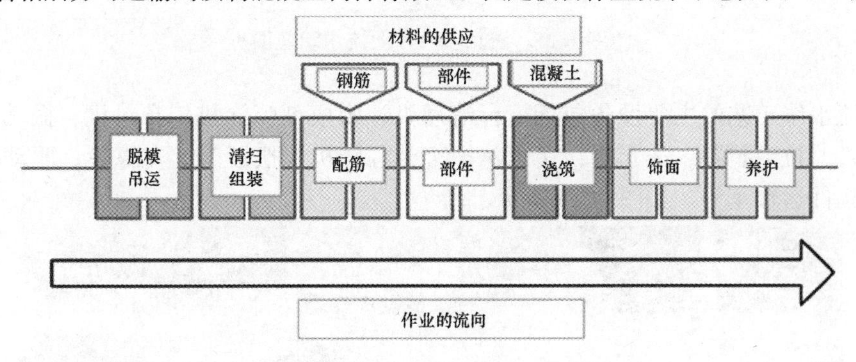

图1.24　固定模台作业流水示意

1.3.2.2　机组流水线工艺

机组流水线工艺的特征和优势在于：模具在生产线上循环流动，而不是机器和工人在生产线中循环，能够在快速、有效地生产简单产品的同时制造耗时且更复杂的产品，而不同产品的生产工序之间互不影响。机组流水线工艺也可分为平模工艺和立模工艺。

机组流水线工艺生产不同预制混凝土构件产品所需要的时间(即节拍)是不同的，按节拍时间可分为固定节拍和柔性节拍。固定节拍的特点是效率高、产品质量可靠，适应产品单一、标准化程度高的产品；柔性节拍的特点是流水相对灵活、对产品的适应性较强。

因此，机组流水线工艺为能够同步灵活地生产不同产品提供了可能性，令生产操作控制更为简单。若要满足装配式建筑产业的发展需求，无论从生产效率还是质量管理角度考虑，机组流水线工艺无疑是一种较为合理的生产方式。

机组流水线工艺可达到很高的自动化和智能化水平，对于标准且出筋不复杂的预制混凝土构件，可形成全自动化或半自动化生产线，大量减少人工生产力，减轻劳动强度，节约能耗，提高效率，适用于生产标准化的楼板类、墙板类预制混凝土构件或无装饰层墙板的制作。但是由于流水线工艺的自动化程度较高，其投资较大，回报周期长，后期维护费用高，且对操作人员的要求比较高。我国目前在流水线工艺上还尚未达到较高的自动化程度，手工作业依旧较多。

机组流水线工艺的工艺流程：首先模台在组模区进行模具组装；其次移动到放置钢筋和预埋件的作业区段，进行钢筋和预埋件的入模作业；再次移动到混凝土浇筑振捣平台上进行混凝土浇筑振捣；完成浇筑后，进行面层处理，最后模台移动到养护窑进行养护；养护结束后出窑，移动到脱模区进行脱模，构件被吊起，或在翻转台上翻转后吊起，然后运送到预制混凝土构件存放区进行存放。其工艺流程如图 1.25 所示。

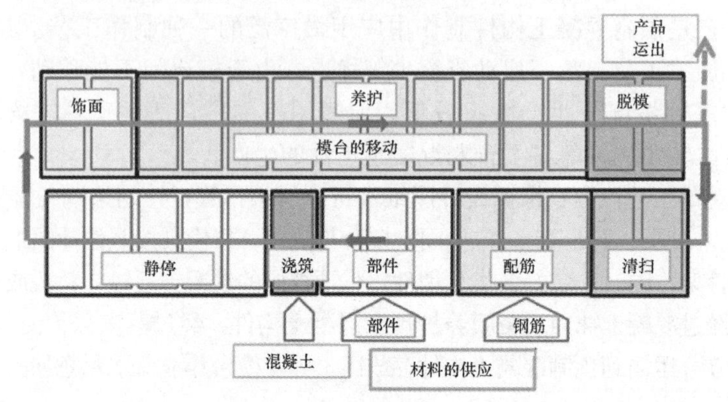

图 1.25　流动模台作业流水示意图

机组流水线工艺的主要设备包括模台清理机、脱模剂喷涂机、布料机、振动台、预养窑、赶平机、拉毛装置、抹光机、立体养护窑、翻转机、摆渡车、支撑轮、驱动轮、钢筋运输车和构件运输车等，如图 1.26 所示。

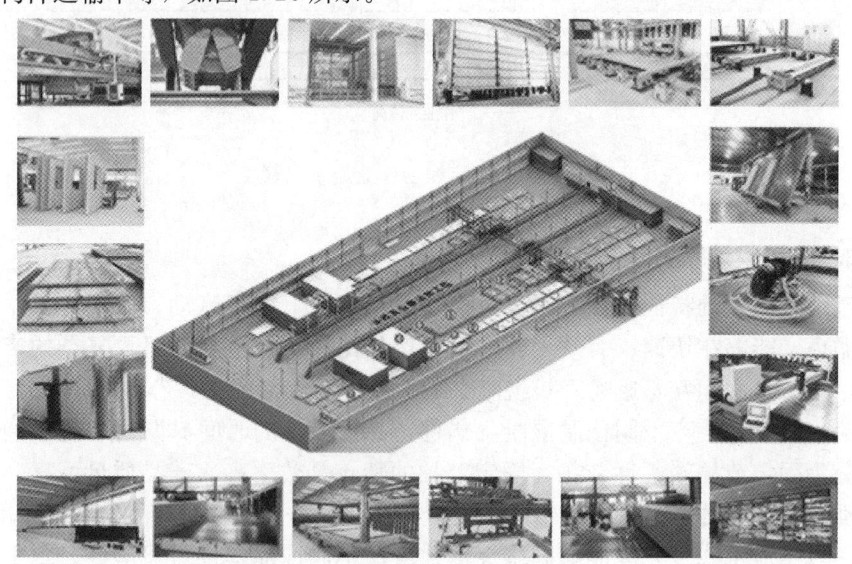

图 1.26　机组流水线工艺设备布置示意

1.3.2.3　立模工艺

立模工艺与固定模台工艺的设计理念基本上是一致的，只是模具和组模环节不同。固定模台工艺中构件是“躺着”浇筑的，而立模工艺中构件是“立着”浇筑的。

立模工艺具有占地面积小，节约用地，构件立面没有压光面，表面光洁，可降低模具成本，也不需要翻转模台等优点。其在制作内隔墙板中运用比较成熟。立模工艺适用于无装饰面层、无门窗洞口的墙板、清水混凝土柱子和楼梯等，不适用于楼板、梁、夹芯保温墙板、装饰一体化墙板的制作。

立模有两种，一种是独立立模；另一种是组合立模。例如，一个立着浇筑的柱子或一个侧立浇筑的楼梯板的模具均属于独立立模；成组浇筑的墙板模具属于组合立模。预制楼梯独立立模及内部构造如图 1.27 和图 1.28 所示；成组墙板组合立模及内部构造如图 1.29 和图 1.30 所示。

图 1.27 预制楼梯独立立模

图 1.28 楼梯模具内部构造

图 1.29 成组墙板组合立模

图 1.30 组合立模内部构造

组合立模的模板可以在轨道上平行移动，安放钢筋、灌浆套筒、预埋件时，模板可移开一定距离，并留出足够的作业操作空间，安放钢筋、灌浆套筒、预埋件结束后，模板移动到墙板宽度所要求的位置，再进行封堵侧模。

1.3.2.4 长线台座工艺

长线台座工艺的特征是台座较长，一般超过 100 m，操作人员和设备沿台座一起移动成型产品。其特点是产品简单、规格一致、效率较高。长线台座工艺既可采用预应力工艺，也可采用非预应力工艺。

由于预应力混凝土具有结构截面小、质量轻、刚度大、抗裂度高、耐久性好和材料省等特点，从而使得该技术在装配式领域中得到了广泛的应用，特别是预应力楼板在大跨度的建筑中广泛应用。

预应力工艺可分为先张法预应力和后张法预应力两种，常采用先张法预应力。

1. 先张法

先张法预应力混凝土构件生产时，首先将预应力钢筋按规定在钢筋张拉台上铺设张拉，然后浇筑混凝土成型或者挤压混凝土成型，当混凝土经过养护达到一定强度后拆卸边模和肋模，放张并切断预应力钢筋，切割预应力楼板。先张法预应力混凝土具有生产工艺简单、生产效率高、质量易控制、成本低等特点。除钢筋张拉和楼板切割外，其他工艺环节与固定模台工艺接近。

先张法预应力生产工艺适合生产预应力空心楼板、叠合板、预应力双 T 板及预应力梁等。预应力空心楼板如图 1.31 所示，预应力叠合板生产线如图 1.32 所示，预应力双 T 板生产线如图 1.33 所示。

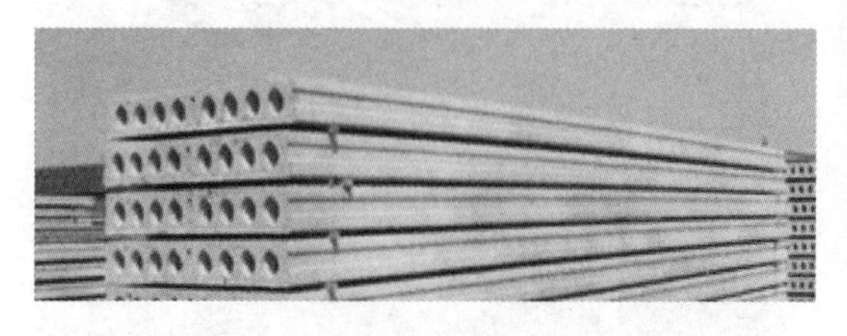

图 1.31　预应力空心楼板

图 1.32　预应力叠合板生产线

图 1.33　预应力双 T 板生产线

2. 后张法

后张法预应力混凝土构件生产是在构件浇筑成型时按规定预留预应力钢筋孔道，当混凝土经过养护达到一定强度后，将预应力钢筋穿入孔道中，再对预应力钢筋张拉，依靠锚具锚固预应力钢筋，建立预应力，然后对孔道灌浆。后张法预应力工艺生产灵活，适宜于结构复杂、数量少、质量大的构件，特别适合于现场制作的混凝土构件。

1.3.2.5　制作工艺选择

预制混凝土构件工厂在建厂时可根据市场定位确定预制混凝土构件的制作工艺。通常可以有以下几种组合方式。

1. 固定模台工艺

特点：固定模台工艺可以生产各类预制混凝土构件，灵活性强，可以承接各种工程，生产各种预制混凝土构件，但占地较大，产能较低。

2. 固定模台工艺+立模工艺

特点：在固定模台工艺的基础上，附加一部分立模工艺区，可用于生产板式构件。

3. 流动模台工艺

特点：适用性强，可用于专业生产标准化程度较高的板类构件。

4. 流动模台工艺+固定模台工艺

特点：流动模台工艺生产标准化程度较高的板类构件，同时设置部分固定模台生产复杂构件。

5. 预应力工艺

特点：在有预应力构件需求时应专门配置预应力生产线。当市场需求量较大时，可以建立专业工厂，不生产其他的构件，也可以作为其他生产工艺工厂的附加生产线。

1.3.2.6 制作工艺布置

预制混凝土构件工厂生产车间内的各条生产线之间的布置应满足方便流畅、距离最短、平衡均匀、固定循环、安全合规、经济产量的原则，使各工序之间做到有机结合，资源均衡，避免交叉，减少搬运，充分利用生产车间的资源，安全有保障。

预制混凝土构件工厂几种典型的布置形式，如图 1.34～图 1.36 所示。

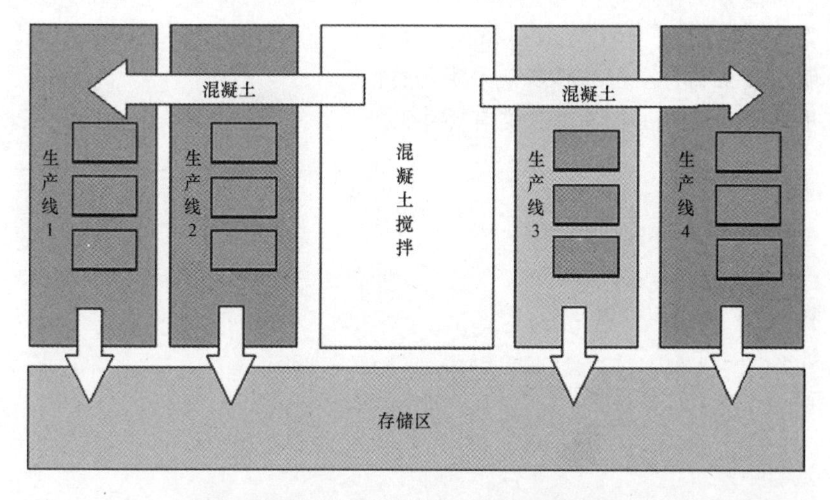

图 1.34 预制混凝土构件工厂布置形式(一)

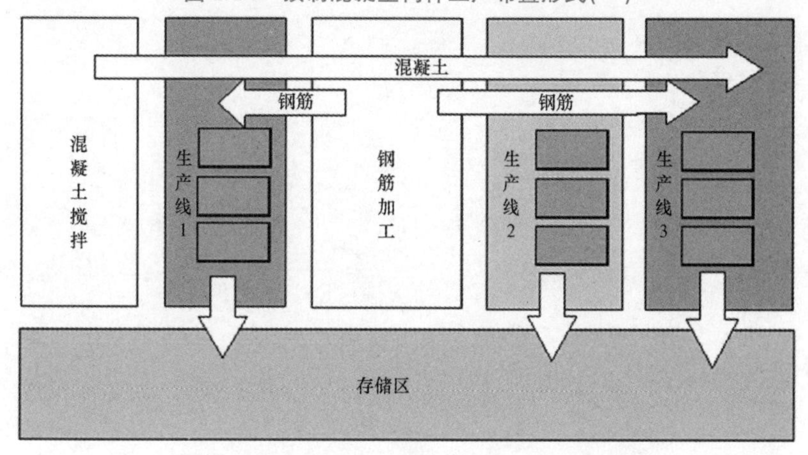

图 1.35 预制混凝土构件工厂布置形式(二)

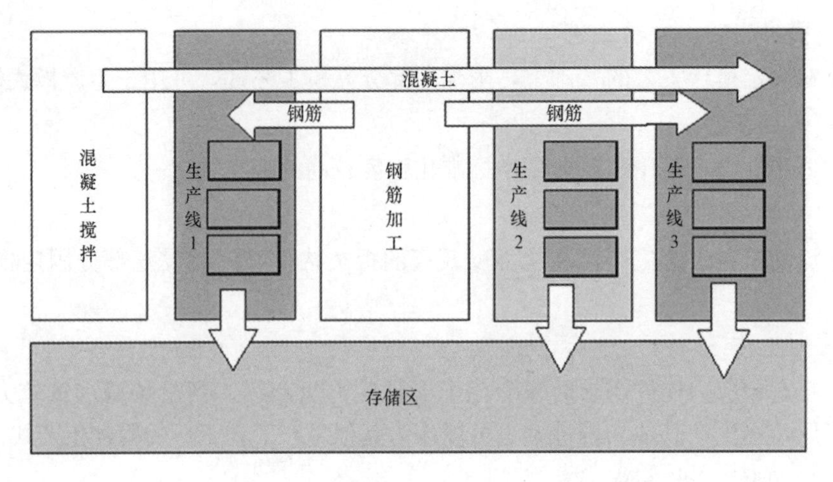

图 1.36　预制混凝土构件工厂布置形式(三)

思考题

1. 预制混凝土构件生产线可以分为哪几类?
2. 常用的预制混凝土构件的种类有哪些?

第2章　设备及模具

2.1　设备

2.1.1　混凝土搅拌站

在预制混凝土构件生产过程中，每日的混凝土使用量很大，预制混凝土构件工厂为能及时、方便地获得混凝土，一般常在预制混凝土构件工厂内设置专用搅拌站。搅拌站应当选用自动化程度较高的设备，以减少人工，保证质量。在欧洲一些自动化较高的工厂，搅拌站系统是和预制混凝土构件生产线控制系统连在一起的，只要生产系统给出指令，搅拌站系统就能够开始生产混凝土，然后通过自动运料系统将混凝土运到指定的布料位置。

混凝土搅拌站是用来集中搅拌混凝土的联合装置，其机械化、自动化程度高，生产效率高，能保证混凝土的质量并节约水泥。混凝土搅拌站主要由物料储存系统、物料称量系统、物料输送系统、搅拌系统、粉料储存系统、粉料输送系统、粉料计量系统、水及外加剂计量系统和控制系统等以及其他附属设施组成。图 2.1 所示为混凝土搅拌设备。

混凝土搅拌站设备在选择时应满足以下要求：

(1)预制混凝土构件工厂混凝土搅拌站为周期性生产方式，因此，设备选型需要以单位时间需要混凝土的用量，以及工厂的设计产能来选择搅拌主机的生产能力，而不是单纯考虑搅拌站连续出料能力。

(2)预制混凝土构件工厂混凝土搅拌站需要考虑多点用料特点，大多数情况下要考虑鱼雷罐和搅拌车接料要求配置 2 个出料口，有时甚至需要 3 个出料口，如图 2.2 所示。

图 2.1　混凝土搅拌设备

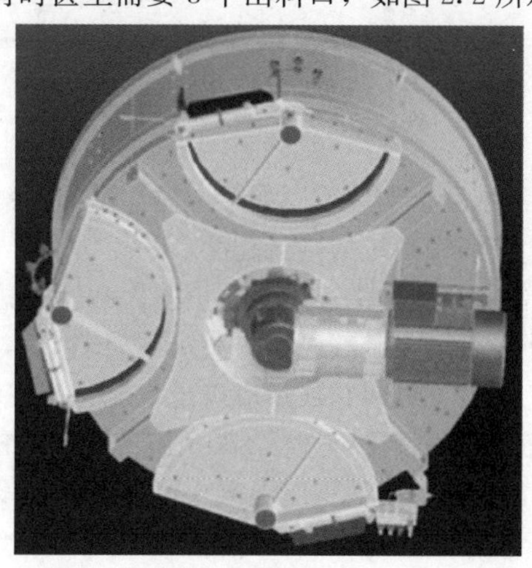

图 2.2　搅拌机出料口

(3)与商品混凝土运输过程中可以继续搅拌不同，预制混凝土构件工厂对搅拌机出料时的混凝土质量要求更高，也就是要求有更高的搅拌效率。图 2.3 所示为不同搅拌方式搅拌混凝土时的功率输出曲线，通过曲线可以看出盘式行星搅拌系统可以在最短的时间内使输出功率趋于平稳，也就是搅拌效率更高。图 2.4 所示为不同搅拌方式应用领域的建议。

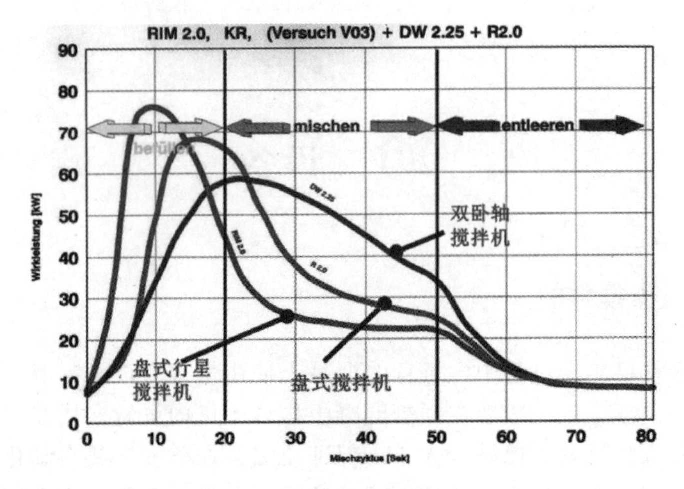

图 2.3 不同搅拌方式功率输出曲线对比图

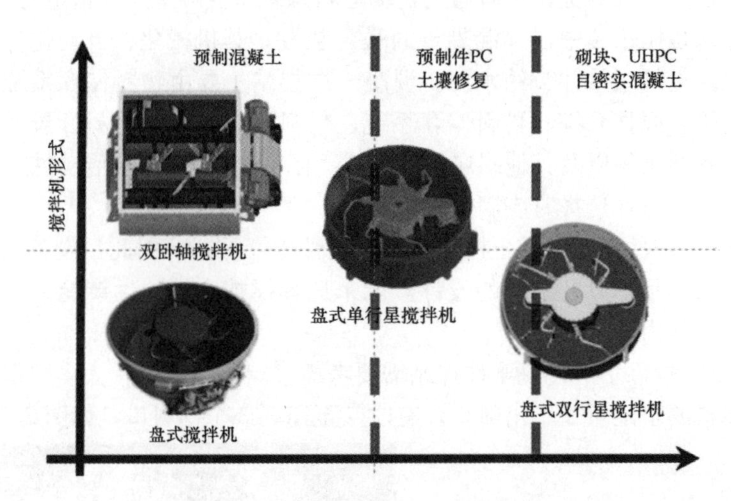

图 2.4 不同搅拌方式应用的领域

(4)预制混凝土构件工厂混凝土搅拌站的下料高度设计时需要充分考虑鱼雷罐和预制混凝土构件生产线布料机的接料高度。

(5)预制混凝土构件工厂混凝土搅拌站可根据采用配合比情况配置 4～5 个砂石骨料仓。传统情况下配置适合装载机上料直列式骨料仓，近年来更加环保的筒仓式立体骨料仓应用越来越多。粉体立体料仓数量应满足水泥、粉煤灰、硅灰、矿粉中至少 3 种粉料使用需求。单个料仓根据场地情况可选择 200 t 或 300 t，如图 2.5 所示。

(6)预制混凝土构件工厂混凝土搅拌站需要设置污水和废弃混凝土回收和资源化利用设施，如图 2.6 所示。

图 2.5　封闭式立体骨料仓及粉料仓

图 2.6　搅拌站、鱼雷罐清洗渣浆回收设备

(7)预制混凝土构件工厂混凝土搅拌站对自动化生产能力要求较高，不仅要满足物料储存、计量、输送以及搅拌控制的自动化生产，还要实现鱼雷罐接料、自动流水线混凝土浇筑的一体化管理。

混凝土搅拌时，在操作界面上按照骨料集配要求设置好参数，骨料由配料站骨料仓卸料门卸入骨料计量斗中进行计量，计量好后卸到远转的平皮带上，由平皮带送到斜皮带机上，斜皮带机输送至搅拌机上部的待料斗等待指令，同时，水泥及粉煤灰等由螺旋输送机输送至各自的计量斗中进行计量，水和外加剂分别由水泵及外加剂泵送到各自的计量斗中进行计量。各种物料计量完毕后，由控制系统发出指令开始顺次投料到搅拌机中进行搅拌，搅拌完成后，打开搅拌机的卸料门，将混凝土经卸料斗卸至搅拌运输中，然后进入下一个工作循环。

混凝土搅拌时操作台操作界面如图 2.7 所示。

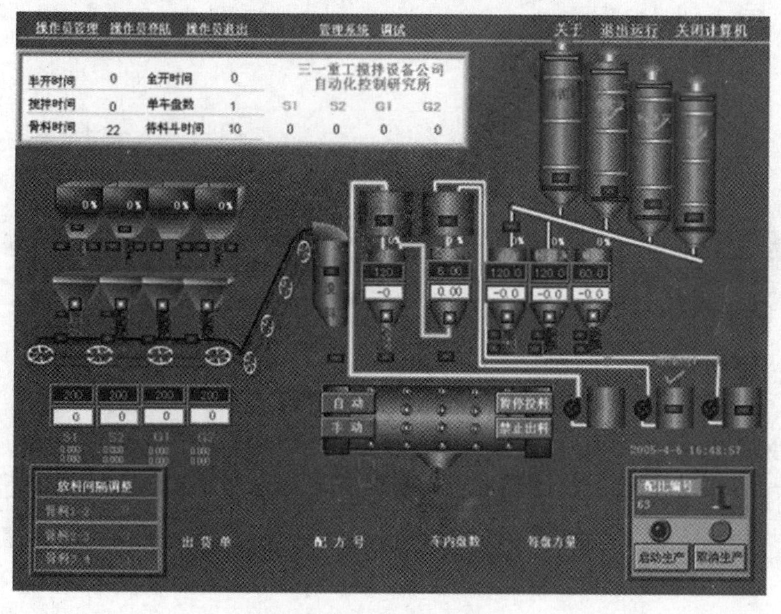

图 2.7　操作界面

微信扫一扫
进入装配式建筑产业信息服务平台

2.1.2 模板加工设备

金属模具加工的主要加工设备有：激光裁板机、线切割机、剪板机、磨边机、冲床、台钻、摇臂钻、车床、焊机和组装平台。

2.1.3 钢筋加工设备

钢筋加工是预制混凝土构件制作流程中不可缺少的重要环节，也是预制混凝土构件生产质量的关键环节。

钢筋加工包括钢筋调直、钢筋切断、钢筋弯曲成型和钢筋骨架组装等环节。为了避免人工制作造成的生产误差，保证生产质量，提高生产效率，降低生产损耗，对于钢筋加工设备常采用自动化的生产设备来进行钢筋加工。

钢筋加工工艺主要有全自动钢筋加工工艺、半自动钢筋加工工艺和人工加工钢筋工艺。

(1)全自动钢筋加工常用设备有数控钢筋调直切断机、钢筋弯曲机、自动数控弯箍机、自动钢筋桁架焊接机和标准钢筋网片焊接设备。

(2)半自动钢筋加工常用设备有钢筋调直切断机、钢筋切断机、拉丝机、钢筋液压弯曲机、螺旋弯曲机、半自动钢筋折弯机、弯箍机、箍筋对焊机等。装配式住宅构件较复杂的构件类型多采用半自动化钢筋加工工艺。

(3)人工加工钢筋是效率低、劳动强度大、质量不稳定的加工工艺，一般结合自动化设备制作钢筋。主要设备有人工切断设备、弯曲机、电焊机、电弧焊、CO_2 气体保护焊机、对焊机、滚丝机等，如图 2.8～图 2.11 所示。

图 2.8　箍筋对焊机

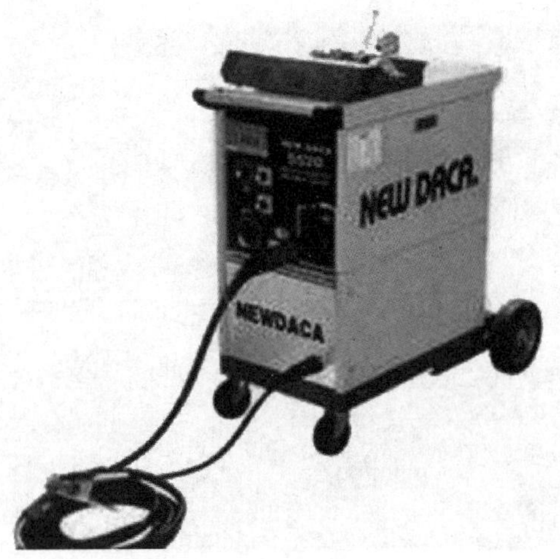

图 2.9　CO_2 气体保护焊机

图 2.10　闪光对焊机

图 2.11　钢筋直螺纹剥肋滚丝机

(4)钢筋车间应规划安装环保设备，如焊接烟尘净化设备(图 2.12)、吸尘设备、换风设备等。

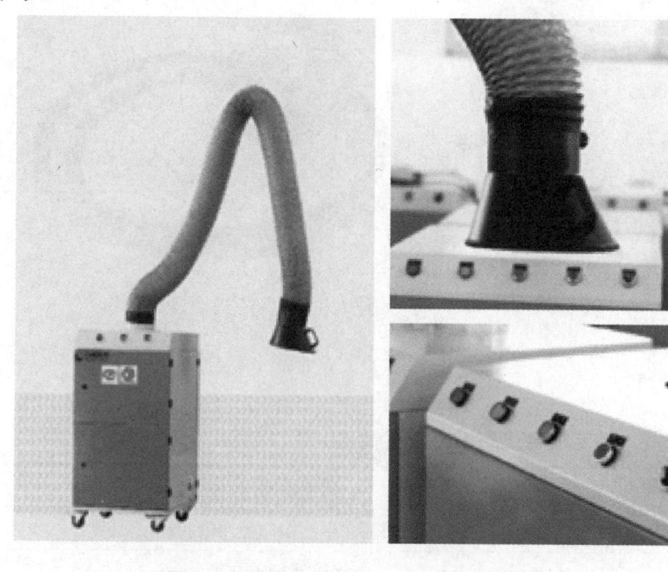

图 2.12　移动式焊接烟尘净化设备

微信扫一扫
进入装配式建筑产业信息服务平台

2.1.4　生产线设备

2.1.4.1　固定模台生产线设备

固定模台生产线主要由钢模台(图 2.13)、布料斗(图 2.14)、运料系统或运料罐车(图 2.15)、手持式振动棒(图 2.16)、蒸汽锅炉、蒸汽养护自动控制系统、成品运输车等组成。固定模台台面尺寸应根据构件尺寸灵活确定。

图 2.13　钢模台

图 2.14　布料斗

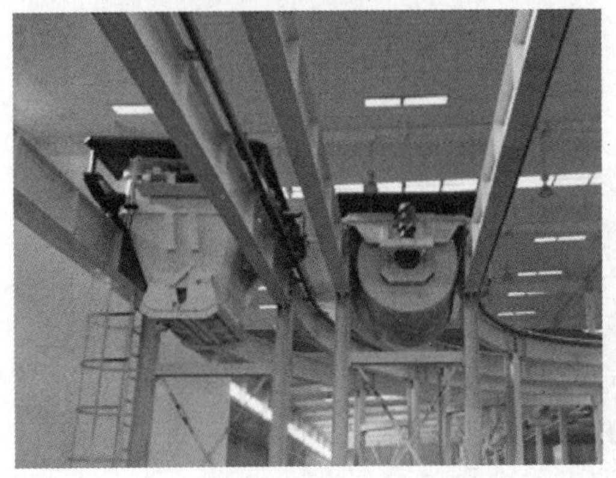

图 2.15　运料系统

图 2.16　手持式振动棒

固定模台工艺设备配置见表 2.1。

表 2.1　固定模台工艺设备配置情况

序号	设备名称	功能说明
1	钢模台	作为预制混凝土构件生产的底模
2	运料系统	运输混凝土
3	布料斗	浇筑混凝土
4	运料罐车	运输混凝土
5	手持式振动棒	振捣混凝土
6	蒸汽锅炉	养护混凝土
7	蒸汽养护自动控制系统	自动控制养护温度及过程
8	成品运输车	预制混凝土构件的运输

2.1.4.2　流水线生产设备

流水线主要由钢模台，模台清理机，脱模剂喷涂机，划线机，混凝土空中运输车，布料机，振动台，赶平机，拉毛机，抹光机，养护窑，翻板机，码垛机，模台横移车和导向轮，驱动轮及感应防撞装置，中央控制系统等设备组成。

1. 钢模台

钢模台由抗震焊接钢结构和一个平面模板焊接而成，模台的长度和宽度可定制，表面为 8～10 mm 厚的钢板，模台的单位面积承载力通常设置为 650 kg/m²。模台在生产线中担当作业平台，应符合人体工程学的设计要求，其工作表面高度不宜大于 700 mm，模台四边可预留螺丝孔固定边模，如图 2.17 所示。

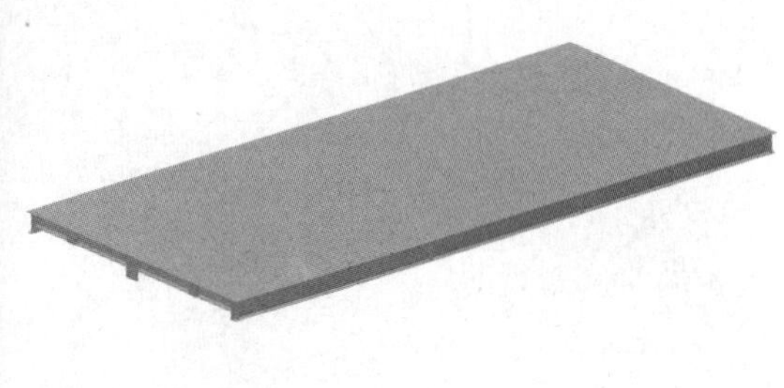

图 2.17 钢模台

采用流水线工艺时，模台需要进行流转，设备操作人员禁止站在模台流转方向上进行操作。模台运行前，要先检验自动安全防护切断系统和感应防撞装置是否正常。

2. 模台清理机

模台清理机可实现对模台表面的清理，使模台表面整洁干净，如图 2.18 所示。第一次操作前需调节好辊刷与模台的相对位置，后续不能轻易改动。作业时，注意将辊刷降至合适的位置，避免发生电机烧坏的情况。清扫机工作过程中，禁止触摸任何运动装置，如辊刷、链轮等传动件；禁止拆开覆盖件，在覆盖件打开时，禁止启动清扫机。

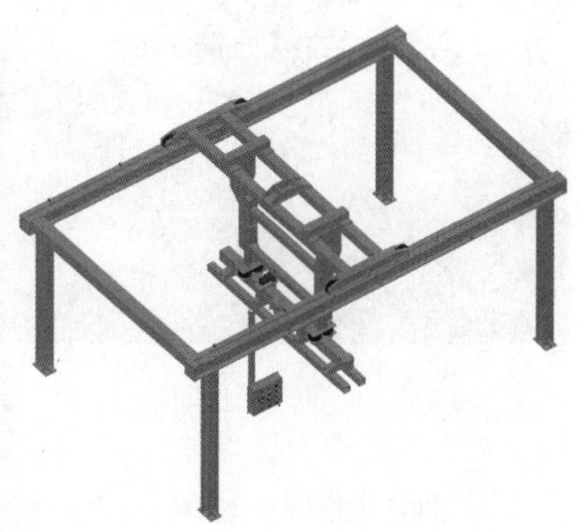

图 2.18 模台清理机

清理模台时，任何人不得站立于被清理的模台上。除操作人员外，工作时禁止闲人进入清扫机作业范围。工作结束后关闭电源，定期清理料斗中的灰尘。

3. 脱模剂喷涂机

脱模剂喷涂机用于脱模剂的喷涂，其功能是将脱模剂雾化后均匀快速地喷涂在模台表面，如图 2.19 所示。模台经过时，脱模剂喷涂机自动喷洒脱模剂，脱模剂采用雾化系统喷洒，备有滴油回收系统；采用固定式喷油机，模台均匀移动的方式，喷油效果好。

图 2.19　脱模剂喷涂机

脱模剂喷涂机在工作过程中，检查喷涂是否均匀。不均匀需及时调整喷头高度、喷射压力。调试设置好之后不得再更改触摸屏上的参数。

在喷涂前，检查脱模剂的容量，定期添加脱模剂，添加脱模剂前应先释放油箱压力。注意定期回收油槽中的脱模剂，避免污染周边环境。

4. 划线机

划线机用于在模台上画出模板装配及预埋件安装的位置线，确保模具及预埋件安装的准确性，如图 2.20 所示。

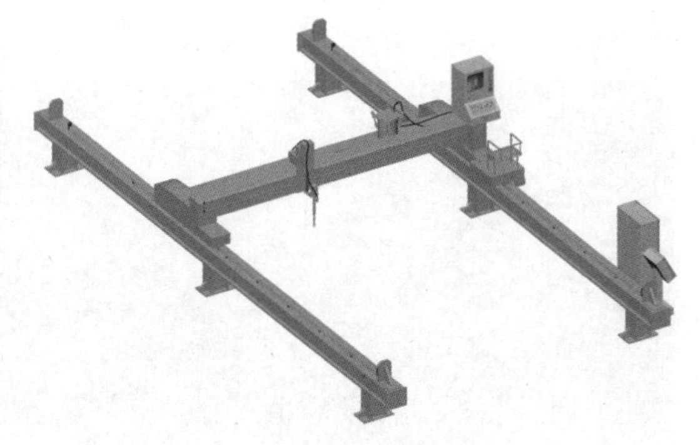

图 2.20　划线机

划线机在工作前，应调试设置好划线的参数，确定后，不得再更改参数。

模台经过时，应保证划线机按照设置的参数进行，行驶速度匀速且准确。一旦出现作业错误，应及时停止机器，待检修合格后，可继续使用。

5. 混凝土空中运输车

混凝土空中运输车是将搅拌站内搅拌好的混凝土材料输送给布料机，其应具备带坡度运输能力，无缝对接混凝土搅拌站和生产线，实现全自动化运行，如图 2.21 所示。在运转中如遇到异常情况，应按急停按钮，先停机检查，排除故障后方可继续使用。

图 2.21 混凝土空中运输车

混凝土空中运输车在工作过程中，严禁用手或工具伸入旋转筒中扒料、出料。禁止料斗超载。

人员在高空对设备进行维修或其他作业时，必须停止高空其他设备工作，谨防被其他设备撞伤。每班工作结束后关闭电源，清洗筒体。

6. 布料机

布料机为混凝土浇筑布料的设备，能够高效、优质地生产出装配式建筑所需的各种预制混凝土构件。

(1)布料机(提吊式)：可使用无线遥控及控制面板对设备进行控制，可采用横向或纵向的布料方式，用液压多闸门式放料控制，采用星形轴定量下料，如图 2.22 所示。

图 2.22 布料机(提吊式)

(2)布料机(行走式)：由钢结构机架、纵向及横向走行机构、混凝土料斗、液压系统、电气控制系统等组成。料斗容积不应小于 2.0 m^3；行走速度、布料速度均可方便调整；通常采用螺旋式布料方式，可适应不同坍落度混凝土，下料量可控，落料均匀；各螺旋布料口可独立控制；料斗上安装有辅助落料振动电机，料斗内应设置搅拌轴，可防止物料离析；断电情况下可手动开启料仓，防止物料在料仓内凝结；布料机应设置紧急制动装置，如图 2.23 所示。

图 2.23 布料机(行走式)

在布料机工作时，禁止打开筛网。作业时，严禁用手或工具伸入料斗中扒料、出料。禁止料斗违规超载；每班工作结束后关闭电源，清洗料斗。

7. 振动台

振动台用来振捣模具内的混凝土，充分保障混凝土内部结构密实，从而达到设计强度。其通常由振动座、弹性减振垫、升降支撑装置、升降驱动装置、锁紧机构、电气控制系统等组成，如图 2.24 所示。

图 2.24　振动台

模台振动时，禁止人站在模台上工作，与振动体保持距离。禁止在模台停稳之前启动振动电机，禁止在振动启动时进行除振动量调节外的其他动作。

振动台工作时，作业人员和附近工人要佩戴耳塞等防护用品。做好听力安全防护，防止振动噪声，造成听力损伤。

8. 赶平机

赶平机用于在构件初凝后将构件表面赶平处理，除掉多余的混凝土，保证构件表面的质量。其由钢结构机架、走行机构、赶平机构、提升机构、电气控制系统等组成，如图 2.25 所示。

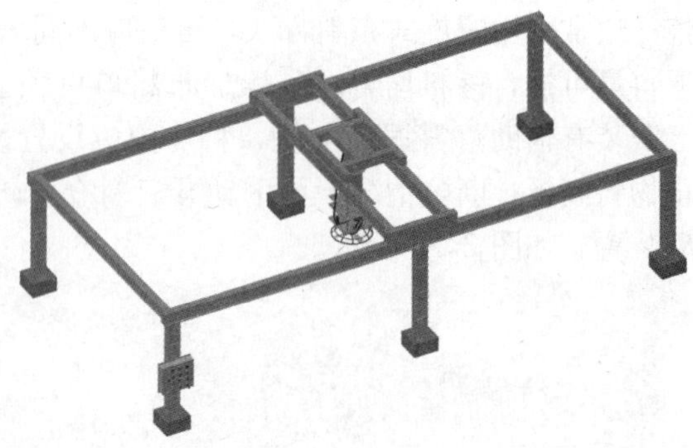

图 2.25　赶平机

振动板在下降的过程中，任何人员都不得再在振动板下部作业。振动赶平机在升降过程中，操作人员不得将手放入连杆和固定杆之间的夹角中，避免夹伤。作业时，注意不得将振动赶平机作业杆降至与模台抱死的状态。

除操作人员外，工作时禁止闲人进入振动赶平机作业范围。

9. 拉毛机

拉毛机主要是用于叠合楼板表面的拉毛处理，由钢支架、升降机构、拉毛机构、电气控制系统组成，如图 2.26 所示。

图 2.26　拉毛机

拉毛机应严格按照操作流程规定的先后顺序进行操作。拉毛机作业时，严禁用手或工具接触拉刀。工作前，先行调试拉刀下降装置。根据预制混凝土构件的厚度不同，设置不同的下降量，保证拉刀与混凝土面的合理角度。禁止闲杂人员进入作业范围内。

10. 抹光机

抹光机主要是用于构件初凝后将构件表面抹平，保证构件表面光滑。其由钢结构机架、走行机构、抹光装置、提升机构、电气控制系统等组成，如图 2.27 所示。

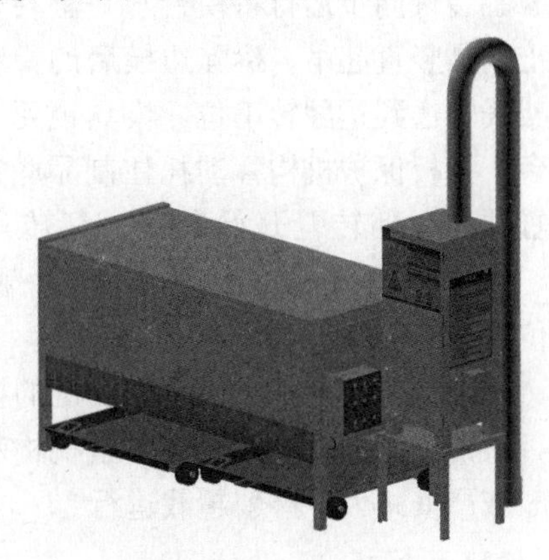

图 2.27　抹光机

开机前，应检查升降焊接体与电动葫芦连接是否可靠。作业前，应检查抹盘连接是否牢固，避免旋转时圆盘飞出。抹光作业时，禁止闲杂人员进入设备作业范围内。

11. 养护窑

养护窑用于预制混凝土构件静置养护，由窑体、蒸汽系统、散热管路系统、温湿度控制系统等组成。蒸养室数量和通道数量根据生产线的生产工艺要求设置，如图 2.28 所示。窑体由型钢组合成框架，框架上安装有托轮，托轮为模块化设计。

图 2.28　养护窑

窑体外墙用保温材料拼合而成，每列构成独立的养护空间，可分别控制各列的温度。根据布置在养护窑内温度传感器和湿度传感器采集的不同位置的温湿度信号，自动调节蒸养阀门，实现对养护窑内温度、湿度的监测及调节功能。

操作前，应检查养护窑的汽路和水路是否正常。养护窑开关门动作与模台行进的动作是否实现互锁保护。检修时，请做好照明及安全防护，防止跌落。

养护作业时，禁止闲杂人员靠近养护窑。

12. 翻板机

翻板机主要是墙板垂直脱模的设备，由翻转装置、托板保护机构、电气控制系统、液压控制系统组成，如图 2.29 所示。

图 2.29　翻板机

翻转臂同步运行将模台水平翻转，便于混凝土制品竖直起吊。拆除边模后的模台通过滚轮架线输送到达翻转工位，模具锁死装置固定模台，托板保护机构移动托住制品底边，翻转油缸顶伸，翻转臂开始翻转，翻转角度达到时，停止翻转，制品被竖直吊走，翻转模板复位。

翻板机工作前，应检查翻板机的操作指示灯、夹紧机构、限位传感器等安全装置工作是否正常。侧翻前务必保证夹紧机构和顶紧油缸将模台固定可靠。翻板机工作过程中，侧翻区域严禁站人，严禁超载运行。

13. 码垛机

码垛机用于完成模台及构件在养护窑内的存取。其由走行系统、框架结构、提升系统、托板输送架、取/送模机构、锁定装置、纵向定位机构、横向定位机构、电气系统等组成，如图 2.30 所示。

码垛机单个存取周期(行走、提升、存取)应满足生产线节拍要求。

码垛机工作时，地面围栏范围内严禁站人，防止被撞和被压而发生人身安全事故。

操作机器务必确保操作指示灯、限位传感器等安全装置工作正常。重点检查钢丝绳有无断丝、扭结、变形等安全隐患。在码垛机顶部检修时，需做好安全防护，防止跌落。严禁超载运行。

图 2.30　码垛机

14. 模台横移车

模台横移车由分体车、液压控制系统及电气控制系统组成。每个分体车由坚固的型钢焊接结构、走行机构、升降机构、定位机构组成，如图 2.31 所示。

图 2.31　模台横移车

模台横移车负载运行时，前后严禁站人。运行轨道上有混凝土或其他杂物时，禁止横移车运行。除操作人员外，工作时禁止他人进入横移车作业范围。

两台横移车不同步时，需停机调整，禁止两台横移车在不同步的情况下运行。

必须严格按规定的先后顺序进行操作。

15. 导向轮、驱动轮及感应防撞装置

导向轮、驱动轮及感应防撞装置共同构成流水线的模台循环系统，用于保证模台的平稳动作，如图 2.32 所示。

图 2.32　导向轮、驱动轮

导向轮由钢底座和滚轮组件组成。驱动轮由减速电机、摩擦轮及减速机座组成。摩擦轮材质为耐磨橡胶，应具有较高的摩擦力和耐磨性。

在流水线工作时，操作人员禁止站在导向轮、驱动轮导向方向进行操作。

勿让导向轮承受非操作范围内的应力，单个

导向轮承受到的重量不能超过其承载能力。驱动模台前检查驱动轮减速箱内是否有润滑油，模台行走时不得有其他外力助推。

每班次收工后，需清扫干净驱动轮上的污物。

16. 中央控制系统

中央控制系统主要由视频监控系统(电视墙及监控电脑)、流水线控制系统、码垛车操作系统、养护窑操作系统以及生产管理系统等组成，如图 2.33 所示。

图 2.33　中央控制系统

2.1.4.3　预应力生产线设备

预应力生产线设备主要由预应力钢筋的张拉设备、长线模台、移动式清理喷涂一体机、移动式布料机、移动式覆膜机及设备摆渡车组成，如图 2.34～图 2.39 所示。

图 2.34　张拉机

图 2.35　清理喷涂一体机

图 2.36　移动式布料机(地面形式)

图 2.37　移动式布料机(轨道加高形式)

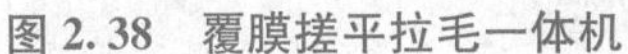
图 2.38　覆膜搓平拉毛一体机

图 2.39　设备摆渡车

长线模台的宽度可根据构件类型设置为 0.6～4 m，长度为 60～120 m，预应力钢筋张拉设备宜为 20～300 t。

2.1.5　吊装运输设备

2.1.5.1　吊装设备

为满足预制混凝土构件的生产需求，生产车间内通常每条生产线配 2～3 台龙门吊或桥式起重机，每台门吊配 10 t、5 t 的吊钩。车间桥式起重机实景如图 2.40 所示。

图 2.40　车间桥式起重机

室外堆场内，每跨工作单元配 1～2 台10 t 桁吊，每台龙门吊配 10 t、5 t 的吊钩。

吊具：根据不同预埋件类型，选择不同的接驳器。例如，叠合梁预埋吊环、楼梯预埋内螺纹、墙板预埋吊钉时，就需要选择吊钩、内螺旋接驳器、吊钉接驳器等配套的专用吊具。

为使起吊时预制混凝土构件不受损坏，一般需要使用起重吊梁(扁担梁)辅助吊装作业。

2.1.5.2　运输设备

预制混凝土构件存放方式有立式存放和水平叠放。在构件运输时要根据构件存放方式的不同，选择不同的运输设备。

墙板采用立式运输，车间内选择专用构件转运车或改装平板运输车，平板之上放置墙板固定支架。

叠合板及楼梯采用水平运输，采用转运小车即可满足转运要求，如图 2.41 所示。

图 2.41　预制混凝土构件转运车

叉车是预制混凝土构件生产中不可缺少的运输设备。叉车可以进行叠合板及楼梯、半成品与成品钢筋、小型设备的转运，如图 2.42 所示。一般选择承载能力为 5～10 t 的叉车即可满足生产需求。

预制混凝土构件转运车在作业时，严禁将手或工具伸入转运车轮子下面。构件转运车的轨道或行进道路上不得有障碍物。除操作人员外，禁止他人在工作时间进入转运车作业范围内。

注意装载构件后的车辆高度，不得超出车间进出门的限高。

运输时应遵循不超早、不超速行驶等安全运输的要求。

图 2.42　叉车

预制混凝土构件成品运输时，常采用成品运输车。成品运输车主要用于预制混凝土构件的厂外运输，在运输前，应检查车辆是否能够正常行驶，构件放置时应严格按照相关规范要求进行堆放，并附有保护措施，如图 2.43 所示。

图 2.43　成品运输车

2.1.6 工装机具设备

预制混凝土构件生产中常用的工装材料有用于钢筋连接的灌浆套筒，用于连接、固定灌浆套筒与预制混凝土构件模具的固定件，用于固定预制混凝土构件模具的定位销钉，用于堵塞模具孔洞的堵孔塞，与套筒配套、方便灌浆的注浆波纹管，用于连接预制外、内墙体的联结件，用于预制混凝土构件吊装的预埋吊钉、吊环，用于固定模台模具固定的磁盒等。为保证工装机具的质量，需要由专业的生产人员采用专业生产设备进行生产、加工及制作。

2.2 模具制作

2.2.1 模具的分类

建筑模板按材质可分为竹木模板、塑料模板、钢模板和铝合金模板四大类，多采用钢模板。

模具按生产工艺分类有：生产线流转模台与板边模；固定模台与构件模具；立模模具；预应力台模与边模。

模具按构件分类有：柱、梁、柱梁组合、柱板组合、梁板组合、楼板、剪力墙外墙板、剪力墙内墙板、内墙隔板、外墙挂板、转角墙板、楼梯、阳台、飘窗、空调板和挑檐板等。

2.2.2 模具设计与制作

2.2.2.1 模具设计要求

预制混凝土构件质量的好坏与模具设计息息相关，为保证成品质量，首先要保证模具的设计能够满足预制混凝土构件的设计要求。

模具的设计内容应满足以下几个方面的要求：

(1)形状与尺寸准确，模具尺寸允许误差按照《装配式混凝土结构技术规程》(JGJ 1—2014)、地方标准规范、特殊构件要求及工程特殊精度的要求。

(2)考虑到模具在混凝土浇筑振捣过程中会有一定程度的胀模现象，因此模具尺寸一般比构件尺寸小 1～2 mm。

(3)有足够的承载力、刚度和稳定性，能承受生产过程中的外力。

(4)设计出模具各片的连接方式、边模与固定平台的连接方式等。连接可靠、整体性好、不漏浆。

(5)构造简单、支拆方便，便于组装调整、成型、脱模和拆卸。

(6)便于清理模具、涂刷脱模剂；钢筋、预埋件安置方便，混凝土入模方便。

(7)有预埋件、套筒准确定位的装置。

(8)当构件有穿孔时，有孔眼内模及其定位设置。

(9)出筋定位准确，不漏浆。

(10)给出模具定位线。以中心线定位，而不是以边线(界面)定位。制作模具时按照定位线放线，特别是固定套筒、孔眼、预埋件的辅助设施，需要以中心线定位控制误差。

(11)构件表面有质感要求时，模具的质感符合设计要求，清晰逼真。

(12)模具表面不吸水。

(13)在保证强度和刚度的前提下，尽量减轻质量。

(14)较重模具应设置吊点，便于组装。

(15)模具结构和形式应符合改变构件型号的要求，通用性强。

(16)模具符合安全生产、环保要求。

2.2.2.2 模具制作内容

为保证模具的制作质量，模具设计内容包括以下几项：

(1)根据构件类型和设计要求，确定模具类型与材质；

(2)确定模具分缝位置和连接方式；

(3)进行脱模便利性设计；

(4)设计必须考虑生产构件的方便性、考虑整体的美观和实用性；

(5)设计计算模具强度与刚度，确定模具厚度、肋的位置；

(6)模具设计优先考虑零件、部件的通用性和互换性；

(7)预埋件、套筒、孔眼内模等定位构造设计，保证振捣混凝土时不位移；

(8)对出筋模具的出筋方式和避免漏浆进行设计；

(9)外表面反打装饰层模具要考虑装饰层下铺设保护隔垫材料的厚度尺寸；

(10)钢结构模具焊缝有定量要求，既要避免焊缝不足导致强度不够，又要避免焊缝过多导致变形；

(11)有质感表面的模具选择表面质感模具材料，与衬托模具如何结合等；

(12)钢结构模具边模加强板宜采用与面板同样材质的钢板，厚8～10 mm，宽度为80～100 mm，设置间距应当小于400 mm，与面板通过焊接连接在一起。

2.2.2.3 不同工艺模具类型

模具按生产工艺可以分为生产线流转模台与板边模、固定模台与构件模具、立模模具以及预应力台模与边模。

1. 固定模台工艺的模具及组装

固定模台工艺的模具包括固定模台、各种构件的边模和内模。固定模台作为构件的底模，边模为构件侧边和端部模具，内模为构件内的肋或飘窗的模具。

固定模台一般是由工字型钢与钢板焊接而成，边模通过螺栓与固定模台连接，内模通过悬挂架与固定平台连接。

用作底模的固定模台应平整光洁，不得有下沉、裂缝、起砂和起鼓。

我们常将固定模台作为预制混凝土构件的底模，围成构件的四周称为边模。边模与固定模台的连接固定方式有以下两种：

(1)采用钻孔绞丝固定：在固定模台的钢板上钻孔，孔的直径为10.3 mm，用M12的丝锥进行攻丝，攻丝结束后，将 M12 的螺栓穿过边模固定到固定模台上。

(2)采用螺栓固定：在固定模台上确定好边模的位置，敲入定位销钉后用螺栓紧固。

如飘窗类预制混凝土构件，模具内需要设置构件的内部构造，像这类预制混凝土构件的模具内模在预制混凝土构件内部不需要与模台连接，此时内模与固定模台的连接是通过悬挂架固定的。

固定模台经反复钻孔、攻丝后，根据不同的预制混凝土构件，其固定的位置也是不一样的，对于不用的孔眼可以采用塑料堵孔塞进行封堵还原，塑料堵孔塞可用不同的颜色来区分不同的孔眼直径，以方便操作工人取用。

2. 流水线工艺的模具

流水线工艺主要是生产板式构件，其模具主要是流动模台和板的边模。流动模台由U型钢、H型钢或其他型钢和钢板焊接组成，焊缝设计应考虑模具在生产线上的振动。

流水线工艺除流转模台外，主要模具是边模，边模与模台之间的固定方式常采用磁力盒固定或螺栓固定，或者边模也可自身采用磁性边模，其固定方式是通过模具间的磁力进行固定。

3. 预应力工艺的模具

预应力工艺常用钢模台作为底模，边模通过螺栓与模台固定，侧模通过龙门吊固定。

预应力楼板在长线台座上制作，钢制台座作为底模，钢制边模通过螺栓与台座固定。

模台、模具在每次生产完成后，需要进行清理，除去模台、模具上的混凝土残渣，并进行检修，模台需要每 6 个月检修一次，模具需要每使用 60 次检修一次，确保模台、模具的质量符合要求，一旦出现质量问题，应立即停止使用。

4. 立模工艺的模具

立模模具是将整个构件的模具作为一个整体，模具中自带底模，绑扎完钢筋，放置好预埋件，合模后即可成为一个完整的独立模具。

独立立模是由底模、边模两部分组成的。在生产时，需要留有足够的作业空间，待钢筋、预埋件安装、验收合格后，将模具按照设计要求进行合模、封堵即可。

组合立模的模具是可以在轨道上进行平行移动的，因此，组合立模的模具与对应生产线是由生产厂家统一制作、完成的。将模具留有一定的作业空间，用于钢筋、预埋件的安装，待钢筋、预埋件安装、验收合格后，将模具移动到设计图纸所要求的位置，进行封堵侧模。

2.2.2.4 不同构件类型模具类型

模具按构件类型可分为墙板模具、楼梯模具、叠合板模具、预制柱模具、预制梁模具、外挂墙板模具、飘窗模具、阳台模具以及女儿墙和空调板模具等。

1. 墙板模具

实心墙板可采用平模和立模两类模具生产。

(1)平模。平模生产的模具由侧模、端模、内模、工装与加固四部分组成。在流水模台工艺中，一般使用模台作为底模；在固定模台工艺中，底模可采用钢模台、混凝土底座等多种形式。侧模与端模是墙的边框模板。有窗户时，模具内要安装窗框内模。带拐角的墙板模具，要在端模的内侧设置内模板，如图 2.44 所示。

(2)立模。立模生产是指生产过程中构件的一个侧面垂直于地面。墙板的另外两个侧面和两个板面与模板接触，最后一个墙板侧面外露。立模生产可以大大减少抹面的工作量，提高生产效率，如图 2.45 所示。

图 2.44　墙板平模

图 2.45　成组立模

2. 楼梯模具

楼梯可采用平模和立模两类模具生产。为增加楼梯模具的通用性，降低模具成本，还有一种可调节式的楼梯模具。可调节式的楼梯模具的踏步宽度固定，楼梯的踢面高度可调节。楼梯的步数同样可做相应的调整。目前，楼梯多采用立模工艺生产。

立模楼梯模具由底座、正面锯齿形模板、背面平模板三部分构成。正面锯齿形模板与底座固定，背面平模板可在底座上滑移以实现与锯齿形模板的开合。背面平模板滑向正面锯齿形模板，并待两者靠紧后，将上部、左右两侧的丝杆卡入锯齿形模板上的钢架连接点的凹槽内，拧紧螺母，固定牢靠。

楼梯立模如图 2.46 所示，楼梯平模如图 2.47 所示。

图 2.46　楼梯立模

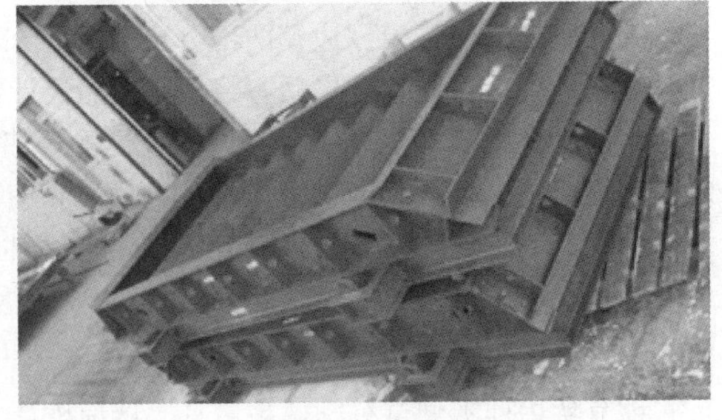

图 2.47　楼梯平模

3. 叠合板模具

叠合板可分为单向板和双向板。单向板两侧边出筋；双向板两边端模和两边侧模都出筋。

叠合板生产以模台为底模，钢筋网片通过侧模或端模的孔位出筋。钢制边模用专用的磁盒(图 2.48)直接与底模吸附固定或通过工装固定，这种边模为普通边模，如图 2.49、图 2.50 所示。

图 2.48　磁盒

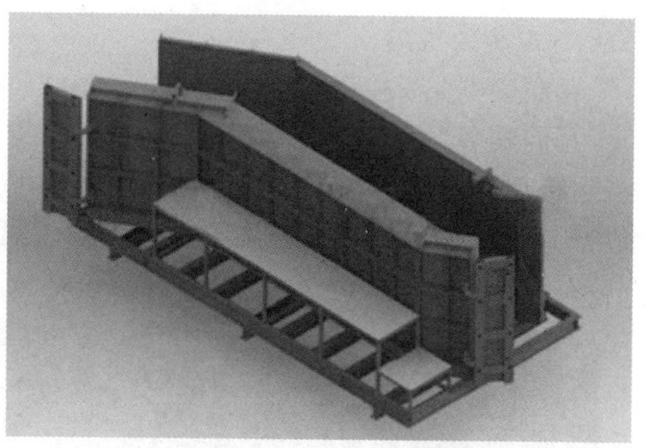

图 2.49　叠合板边模

图 2.50　叠合板模具

铝合金磁力边模是由铝合金边模和内嵌的磁性吸盘组成，使磁盒与模板成为一体，这种边模称为磁性边模。

4. 预制柱模具

预制柱多采用平模生产，底模采用钢制模台或混凝土底座，两边侧模和两边端模通过螺栓与底模相互固定。钢筋通过端部模板的预留孔出筋，如图 2.51 所示。

图 2.51　柱模

5. 预制梁模具

预制梁可分为叠合梁和整体预制梁。

预制梁多采用平模生产，采用钢制模台或混凝土底座做底模，两边侧模和两边端模螺栓连接组成预制梁模具，上部采用角钢连接加固，防止浇筑混凝土时侧面模板变形。上部叠合层钢筋外露，两端的连接筋通过端模的预留孔伸出，如图 2.52 所示。

图 2.52　梁模

6. 外挂墙板模具

外挂墙板无论是实心板还是三明治夹芯板，其模具均由两边侧模和两边端模通过螺栓连接固定组成，而且不用出筋。由于外挂墙板较薄，在钢模台之上，因此模具四周采用磁盒吸附固定即可。

7. 飘窗模具

飘窗多采用组合模具生产。在固定模台上，飘窗模具根据预制混凝土构件的外形可分为端模、侧模、端模上悬附的内模、工装与加固系统四部分，如图 2.53 所示。

图 2.53　飘窗模具

组装飘窗模具时，根据模台上画好的线位图，将两边的侧模摆好位置，随后两边端模就位，与侧模连接加固成一个框架。在两边的端模上部通过两个以上的螺栓孔，螺栓连接固定飘窗凸出部位的内模和侧模。然后安装悬挂工装，固定内螺旋等预埋件。边测量尺寸，边调整加固模板，直到整个飘窗的几何尺寸和预埋件的位置符合规范要求为止。

8. 阳台模具

预制阳台可分为叠合阳台和整体阳台，即半预制式和全预制式阳台。预制阳台如图 2.54 所示。其模具仍然采用组合模具。在固定模台上先摆放侧模，然后摆放连接两端的端模，再安装阳台两侧侧板的内侧模和外栏板的内端模，最后连接加固，形成一个阳台的整体模具，如图 2.55 所示。

图 2.54 预制阳台

图 2.55 阳台模具

在内侧端模上部开孔，预留连接钢筋的出筋孔洞。在浇筑构件混凝土时，叠合式阳台的桁架筋要高出预制板面。

9. 女儿墙和空调板模具

女儿墙、空调板都以平模生产。其底模采用钢模台时，侧模与端模用螺栓连接后，模板四周用磁盒固定，或在钢模台上采用磁性边模组装模具。

2.2.3 模具的质量控制

模具生产完成后，需要对生产后的模具进行质量检验。预制混凝土构件的模具除应满足承载力、刚度和整体稳定性的要求外，还应符合下列规定：

(1)模具应构造简单、装拆方便，并应满足预制混凝土构件质量、生产工艺、模具组装与拆卸和周转次数等要求；

(2)结构造型复杂、外形有特殊要求的模具应制作样板，经检验合格后方可批量制作；

(3)模具各部件之间应连接牢固，接缝应紧密，附带的埋件或工装应定位准确，安装牢固；

(4)用作底模的台座、模台、地坪及铺设的底板等应平整、光洁，不得有下沉、裂缝、起砂和起鼓；

(5)模具内腔表面应保持清洁；

(6)应定期检查侧模、预埋件和预留孔洞定位措施的有效性；应采取防止模具变形和锈蚀的措施；重新启用的模具经检验合格后方可使用；

(7)模具与平模台间的螺栓、定位销、磁盒等固定方式应可靠，防止混凝土振捣成型时造成模具偏移和漏浆。

考虑到模具在混凝土浇筑振捣过程中会有一定程度的胀模现象，因此模具尺寸一般比构件尺寸小 1～2 mm。

预制混凝土构件模具尺寸的允许偏差和检验方法应符合表 2.2 的规定。当设计有要求时，模具尺寸的允许偏差应按设计要求确定。

表 2.2　预制混凝土构件模具尺寸的允许偏差和检验方法

项次	检验项目、内容		允许偏差	检验方法
1	长度	≤6 m	1，−2	用尺量平行构件高度方向，取其中偏差绝对值较大处
		>6 m且≤12 m	2，−4	
		>12 m	3，−5	
2	宽度、高(厚)度	墙板	1，−2	用尺测量两端或中部，取其中偏差绝对值较大处
3		其他构件	2，−4	
4	底模表面平整度		2	用 2 m 靠尺和塞尺量
5	对角线差		3	用尺量对角线
6	侧向弯曲		L/1 500 且≤5	拉线、用钢尺量测侧向弯曲最大处
7	翘曲		L/1 500	对角拉线测量交点间距离值的两倍
8	组装缝隙		1	用塞片或塞尺量测，取最大值
9	端模与侧模高低差		1	用钢尺量
注：L 为模具与混凝土接触面中最长边的尺寸。				

构件上的预埋件和预留孔洞宜通过模具进行定位，并安装牢固，其安装偏差应符合表 2.3 的规定。

表 2.3　模具上预埋件和预留孔洞安装允许偏差

项次	检验项目		允许偏差/mm	检验方法
1	预埋钢板、建筑幕墙用槽式预埋组件	中心线位置	3	用尺量测纵、横两个方向的中心线位置，取其中较大值
		平面高差	±2	钢直尺和塞尺检查
2	预埋管、电线盒、电线管水平和垂直方向的中心线位置偏移、预留孔、浆锚搭接预留孔(或波纹管)		2	用尺量测纵、横两个方向的中心线位置，取其中较大值
3	插筋	中心线位置	3	用尺量测纵、横两个方向的中心线位置，取其中较大值
		外露长度	+10，0	用尺量测
4	吊环	中心线位置	3	用尺量测纵、横两个方向的中心线位置，取其中较大值
		外露长度	0，−5	用尺量测
5	预埋螺栓	中心线位置	2	用尺量测纵、横两个方向的中心线位置，取其中较大值
		外露长度	+5，0	用尺量测

续表

项次	检验项目		允许偏差/mm	检验方法
6	预埋螺母	中心线位置	2	用尺量测纵、横两个方向的中心线位置，取其中较大值
		平面高差	±1	钢直尺和塞尺检查
7	预留洞	中心线位置	3	用尺量测纵、横两个方向的中心线位置，取其中较大值
		尺寸	+3，0	用尺量测纵、横两个方向尺寸，取其中较大值
8	灌浆套筒及连接钢筋	灌浆套筒中心线位置	1	用尺量测纵、横两个方向的中心线位置，取其中较大值
		连接钢筋中心线位置	1	用尺量测纵、横两个方向的中心线位置，取其中较大值
		连接钢筋外露长度	+5，0	用尺量测

预制混凝土构件中预埋门窗框时，应在模具上设置限位装置进行固定，并应逐件检验。门窗框安装允许偏差和检验方法应符合表 2.4 的规定。

表 2.4　门窗框安装允许偏差和检验方法

项目		允许偏差/mm	检验方法
锚固脚片	中心线位置	5	钢尺检查
	外露长度	+5，0	钢尺检查
门窗框位置		2	钢尺检查
门窗框高、宽		±2	钢尺检查
门窗框对角线		±2	钢尺检查
门窗框的平整度		1	靠尺检查

2.2.4　模具的检验标识

2.2.4.1　模具的质量检验要求

由于模具的质量是控制产品质量的前提，所以在模具制作完成后，需要对模具的质量进行检查和验收，待模具符合设计要求，并且组拆方便与构件脱模无冲突之处后，方可用于预制混凝土构件生产中。不合格的模具不能投入预制混凝土构件生产中。

模具的质量检验要求应满足以下几个方面：

(1)模具制作后，必须经过严格的质量检验并确认合格后，才可投入生产中。

(2)一个新模具生产的首个构件必须进行严格的质量检查，确认首个构件合格后才可以正式投入生产，并将检查结果进行详细记录，记录表见表 2.5，检查记录结果应当存档；首个构件检查合格后，继续生产；如果不合格，修改调整模具后再投入生产。

表 2.5　首个构件检查记录表

<table>
<tr><td>工程名称</td><td colspan="8"></td></tr>
<tr><td rowspan="2">产品名称</td><td colspan="2" rowspan="2"></td><td rowspan="2">产品规格</td><td colspan="3" rowspan="2"></td><td>图纸编号</td><td></td></tr>
<tr><td>生产批号</td><td></td></tr>
<tr><td>模具编号</td><td colspan="2"></td><td>操作者</td><td colspan="3"></td><td>检查日期</td><td></td></tr>
<tr><td>检查项目</td><td>检查部位</td><td>设计尺寸</td><td>允许误差</td><td>实际检测</td><td colspan="2">判断结果</td><td>检查人</td><td>备注</td></tr>
<tr><td rowspan="11">主要尺寸</td><td>a</td><td></td><td></td><td></td><td>合格</td><td>不合格</td><td></td><td></td></tr>
<tr><td>b</td><td></td><td></td><td></td><td>合格</td><td>不合格</td><td></td><td></td></tr>
<tr><td>c</td><td></td><td></td><td></td><td>合格</td><td>不合格</td><td></td><td></td></tr>
<tr><td>d</td><td></td><td></td><td></td><td>合格</td><td>不合格</td><td></td><td></td></tr>
<tr><td>e</td><td></td><td></td><td></td><td>合格</td><td>不合格</td><td></td><td></td></tr>
<tr><td>f</td><td></td><td></td><td></td><td>合格</td><td>不合格</td><td></td><td></td></tr>
<tr><td>g</td><td></td><td></td><td></td><td>合格</td><td>不合格</td><td></td><td></td></tr>
<tr><td>h</td><td></td><td></td><td></td><td>合格</td><td>不合格</td><td></td><td></td></tr>
<tr><td>对角</td><td></td><td></td><td></td><td>合格</td><td>不合格</td><td></td><td></td></tr>
<tr><td>扭曲变形</td><td></td><td></td><td></td><td>合格</td><td>不合格</td><td></td><td></td></tr>
<tr><td>其他</td><td></td><td></td><td></td><td>合格</td><td>不合格</td><td></td><td></td></tr>
<tr><td colspan="9">附图</td></tr>
<tr><td colspan="3">表面瑕疵及边角棱情况</td><td colspan="3"></td><td>结论</td><td colspan="2"></td></tr>
<tr><td colspan="3">埋件位置</td><td colspan="3"></td><td>结论</td><td colspan="2"></td></tr>
<tr><td colspan="3">钢筋套筒设置情况</td><td colspan="3"></td><td>结论</td><td colspan="2"></td></tr>
<tr><td colspan="3">保温层铺设情况</td><td colspan="3"></td><td>结论</td><td colspan="2"></td></tr>
<tr><td colspan="3">检查结果</td><td colspan="6"></td></tr>
<tr><td rowspan="2">签字</td><td colspan="2">制作者</td><td>生产负责人</td><td colspan="2">质量负责人</td><td colspan="2">施工方</td><td>甲方</td></tr>
<tr><td colspan="2"></td><td></td><td colspan="2"></td><td colspan="2"></td><td></td></tr>
</table>

(3)预制混凝土构件模具尺寸的允许偏差和检验方法应符合表 2.2 的规定。当设计有要求时，模具尺寸的允许偏差应按设计要求确定。

模具检验的过程如图 2.56 所示。

图 2.56　模具检验的过程

2.2.4.2　模具的标识

模具的检查和验收完成后，合格的模具应根据预制混凝土构件的类型及特点在显眼的部位进行模具的标识，在预制混凝土构件制作时方便查找，避免出错。模具标识卡如图 2.57 所示。

项目名称	
模具名称	
模具编码	
模具尺寸	
制造日期	
制造单位	
单位地址	

图 2.57　模具标识卡

模具标识的具体内容应包括以下几项：

(1)项目名称；

(2)构件名称与编码；

(3)构件规格；

(4)生产日期与生产厂家。

2.2.5　模具的储存运输

2.2.5.1　模具的存放

模具检查合格、标识完成后，就可以放到模具库内进行存放，在模具存放时应满足以下几个方面的要求：

(1)预制混凝土构件工厂内应设置模具库，模具的存放应按照项目名称、构件类型等进行分类存放，方便查找；

(2)存放场地应平整、坚实，尽量放置在室内，不宜长时间存放在室外；如果需要室外存放，应搭设遮挡棚，防止日晒雨淋；

(3)存放时应防止变形破坏，原则上不能码垛堆放；

(4)模具组装时应将所需的配件与模具一起存放，方便保管；

(5)模具管理员应建立模具保管台账，及时记录模具的使用情况；

(6)暂停使用的模具叠放时应采取防止变形的措施，钢质模具存放中应有防生锈措施，且零配件应保持完好；重新启用的模具生产前应进行检验，合格后方可使用。

模具摆放区标识牌如图 2.58 所示。

图 2.58　模具摆放区标识牌

2.2.5.2　模具的运输

模具在出库使用前需要由质检员进行严格的质量检查，确保模具的质量能够达到标准要求，严禁使用变形、破坏或有瑕疵的模具。运输时，需要进行严格的包装与保护措施，建立模具运输方案，放置好隔垫，确保模具固定可靠，防止模具在运输过程中发生变形、磕碰破坏，避免发生安全隐患。

模具运输到预制混凝土构件车间后，需要由预制混凝土构件工厂内的质检员进行质量检查，确保合格后才可投入生产。

思考题

1. 预制混凝土构件工厂的钢筋加工设备主要有哪些？
2. 预制混凝土构件的模具有哪些具体要求？

第3章　材料

预制混凝土构件工厂内的原材料应有详细的入库与出库记录，并按照原材料的存放要求进行正确存放。用于预制混凝土构件生产的各类原材料采购及产品质量应满足国家规范的要求，原材料进厂后应进行进场检验，检验合格后方可投入预制混凝土构件的生产中，不合格的原材料不得投入生产并履行退场手续。

3.1　混凝土材料

混凝土是以胶凝材料(水泥、粉煤灰、矿粉等)、骨料(石子、砂子)、水、外加剂(减水剂、引气剂、缓凝剂等)，按适当比例配合，经过均匀拌制、密实成形及养护硬化而成的人工石材。预制混凝土构件工厂通常设置专用混凝土搅拌站。

3.1.1　材料性能

3.1.1.1　混凝土原材料

混凝土所使用的原材料：水泥、骨料(砂、石)、外加剂、掺合料等应符合现行国家相关标准的规定，并按照现行国家相关标准的规定进行进厂复检，经检测合格后方可使用。

(1)水泥宜采用不低于强度等级42.5的硅酸盐、普通硅酸盐水泥，质量应符合现行国家标准《通用硅酸盐水泥》(GB 175—2007)的规定。

(2)细骨料宜选用细度模数为2.3～3.0的中粗砂，质量应符合现行国家标准《普通混凝土用砂、石质量及检验方法标准》(JGJ 52—2006)的规定，不得使用海砂。

(3)粗骨料宜选用粒径为5～25 mm的骨料，如碎石和卵石等，质量应符合现行国家标准《普通混凝土用砂、石质量及检验方法标准》(JGJ 52—2006)的规定。

(4)拌合用水应符合现行国家标准《混凝土用水标准》(JGJ 63—2006)的规定。

(5)粉煤灰应符合现行国家标准《用于水泥和混凝土中的粉煤灰》(GB/T 1596—2017)中的Ⅰ级或Ⅱ级各项技术性能及质量指标。

(6)外加剂品种应通过试验室进行试配后确定，质量应符合现行国家标准《混凝土外加剂》(GB 8076—2008)、《混凝土外加剂应用技术规范》(GB 50119—2013)等和环境保护有关的规定。

在钢筋混凝土结构中，当使用含氯化物的外加剂时，混凝土中氯化物的总含量应符合现行国家标准《混凝土质量控制标准》(GB 50164—2011)的规定。在预应力混凝土结构中，严禁使用含氯化物的外加剂。

3.1.1.2　混凝土

(1)混凝土配合比设计应符合现行国家标准《普通混凝土配合比设计规程》(JGJ 55—2011)的相关规定和设计要求。混凝土配合比宜有必要的技术说明，包括生产时的调整要求。

(2)混凝土中氯化物和碱总含量应符合现行国家标准《混凝土结构设计规范(2015 年版)》(GB 50010—2010)的相关规定和设计要求。

(3)混凝土中不得掺加对钢材有腐蚀作用的外加剂。

(4)预制混凝土构件混凝土强度等级不宜低于 C30；预应力混凝土构件的混凝土强度等级不宜低于 C40，且不应低于 C30。

(5)混凝土搅拌完成后，需对混凝土拌合物的均匀性进行检查。在检查混凝土均匀性时，应在搅拌机卸料过程中，从卸料流出的 1/4～3/4 部位采取试样。检测结果应符合下列规定：

1)混凝土中砂浆密度，两次测值的相对误差不应大于 0.8%。

2)单位体积混凝土中粗骨料含量，两次测量的相对误差不应大于 5%。

3)混凝土搅拌时间应符合设计要求。混凝土的搅拌时间，每一工作班至少应抽查 2 次。

4)坍落度检测。通常采用坍落度筒法检测，适用于粗骨料粒径不大于 40 mm 的混凝土。坍落度筒为薄金属板制成，上口直径为 100 mm，下口直径为 200 mm，高度为 300 mm。底板为放于水平的工作台上的不吸水的金属平板。在检测坍落度时，还应观察混凝土拌合物的黏聚性和保水性，全面评定拌合物的和易性。

5)其他性能指标如含气量、相对密度、氯离子含量、混凝土内部温度等也应符合现行相关标准的要求。

3.1.2　材料检验

3.1.2.1　水泥

1. 检验批的划分

(1)同一厂家、同一品种、同一代号、同一强度等级且连续进厂的硅酸盐水泥，袋装水泥不超过 200 t 的为一批，散装水泥不超过 500 t 的为一批。

(2)同一厂家、同一强度等级、同白度且连续进厂的白色硅酸盐水泥，不超过 50 t 的为一批。

2. 检验方法及要求

(1)硅酸盐水泥按批抽取试样进行水泥强度、安定性和凝结时间检验，设计有其他要求时，还应对相应的性能进行试验，检验结果符合现行国家标准《通用硅酸盐水泥》(GB 175—2007)的有关规定。

(2)白色硅酸盐水泥按批抽取试样进行水泥强度、安定性和凝结时间检验，设计有其他要求时，还应对相应的性能进行试验，检验结果应符合现行国家标准《白色硅酸盐水泥》(GB/T 2015—2017)的有关规定。

详细的检验方法见表 3.1。

表 3.1　水泥的质量检验方法

<table>
<tr><th>序号</th><th>检查项目</th><th colspan="2">检查方法</th><th>检查数量</th><th>检验依据</th></tr>
<tr><td rowspan="4">1</td><td rowspan="4">水泥细度检验</td><td rowspan="3">依据国家标准《水泥细度检验方法 筛析法》(GB/T 1345—2005)来进行检验。采用 45 μm 的方孔筛和 80 μm 的方孔筛对水泥试样进行筛析试验，用筛上筛余物的质量百分比数来表示水泥样品的细度。为保持筛孔的标准度，在用的试验筛应用已知筛余的标准样品来标定</td><td>1)负压筛析法：用负压筛析仪，通过负压源产生的恒定气流，在规定筛析时间内使试验筛内的水泥达到筛分</td><td rowspan="3">每 500 t 抽样一次</td><td rowspan="3">《水泥细度检验方法 筛析法》(GB/T 1345—2005)</td></tr>
<tr><td>2)水筛法：把试验筛放在水筛座上，用规定压力的水流，在规定时间内使试验筛内的水泥达到筛分</td></tr>
<tr><td>3)手工筛析法：将试验筛放在接料盘(底盘)上，用手工按照规定的拍打速度和转动角度，对水泥进行筛析试验</td></tr>
<tr><td>依据国家标准《水泥比表面积测定方法 勃氏法》(GB/T 8074—2008)来进行检验。用勃氏透气仪来测定水泥细度</td><td>根据一定量的空气通过具有一定孔隙率和固定厚度的水泥层时，所受阻力不同而引起流速的变化来测定水泥的比表面积。在一定空隙率的水泥层中，空隙的大小和数量是颗粒尺寸的函数，同时也决定了通过料层的气流速度</td><td>每 500 t 抽样一次</td><td>《比表面积测定方法水泥 勃氏法》(GB/T 8074—2008)</td></tr>
<tr><td>2</td><td>标准稠度用水量</td><td>依据国家标准《水泥标准稠度用水量、凝结时间、安定性检验方法》(GB/T 1346—2011)来进行检验。要求试验室温度为 20 ℃±2 ℃，相对湿度应不低于 50%；水泥试样、拌合水、仪器和用具的温度应与试验室一致；湿气养护箱的温度为 20 ℃±1 ℃，相对湿度不低于 90%</td><td>标准法：
水泥标准稠度净浆对标准试杆(或试锥)地沉入具有一定阻力。通过试验不同含水量水泥净浆的穿透性，确定水泥标准稠度净浆中所需加入的水量</td><td>每 500 t 抽样一次</td><td>《水泥标准稠度用水量、凝结时间、安定性检验方法》(GB/T 1346—2011)</td></tr>
</table>

续表

序号	检查项目	检查方法		检查数量	检验依据
3	凝结时间	依据国家标准《水泥标准稠度用水量、凝结时间、安定性检验方法》(GB/T 1346—2011)来进行检验。要求试验室温度为20 ℃±2 ℃，相对湿度应不低于50%；水泥试样、拌合水、仪器和用具的温度应与试验室一致；湿气养护箱的温度为20 ℃±1 ℃，相对湿度不低于90%	测定初凝及终凝时间： 试针沉入水泥标准稠度净浆至一定深度所需的时间	每500 t抽样一次	《水泥标准稠度用水量、凝结时间、安定性检验方法》(GB/T 1346—2011)
4	安定性检验	依据国家标准《水泥标准稠度用水量、凝结时间、安定性检验方法》(GB/T 1346—2011)来进行检验。要求试验室温度为20 ℃±2 ℃，相对湿度应不低于50%；水泥试样、拌合水、仪器和用具的温度应与试验室一致；湿气养护箱的温度为20 ℃±1 ℃，相对湿度不低于90%	雷氏法：通过测定水泥标准稠度净浆在雷氏夹中煮沸后试针的相对位移表征其体积膨胀的程度	每500 t抽样一次	《水泥标准稠度用水量、凝结时间、安定性检验方法》(GB/T 1346—2011)
			试饼法：通过观测水泥标准稠度净浆试饼煮沸后的外形变化情况表征其体积安定性	每500 t抽样一次	《水泥标准稠度用水量、凝结时间、安定性检验方法》(GB/T 1346—2011)
5	水泥强度检验	依据国家标准《水泥胶砂强度检验方法(ISO法)》(GB/T 17671—1999)来进行检验	在标准养护条件下分别测定试件3 d、28 d的抗折强度和抗压强度	每500 t抽样一次	《水泥胶砂强度检验方法(ISO法)》(GB/T 17671—1999)

3.1.2.2 骨料

1. 检验批的划分

同一厂家(产地)且同一规格的骨料，不超过400 m^3 或600 t时为一批。

2. 检验方法及要求

(1)天然细骨料按批抽取试样进行颗粒级配、细度模数含泥量和泥块含量试验；机制砂和混合砂应进行石粉含量(含亚甲蓝)试验；再生细骨料还应进行微粉含量、再生胶砂需水量比和表观密度试验。

(2)天然粗骨料按批抽取试样进行颗粒级配、细度模数、含泥量、泥块含量和针片状颗粒含量试验，压碎指标可根据工程需要进行检验；再生粗骨料应增加微粉含量、吸水率、压碎指标和表观密度试验。

(3)检验结果应符合现行国家标准《普通混凝土用砂、石质量及检验方法标准》(JGJ 52—2006)、《混凝土用再生粗骨料》(GB/T 25177—2010)和《混凝土和砂浆用再生细骨料》(GB/T 25176—2010)的有关规定。

3.1.2.3 矿物掺合料

1. 检验批的划分

同一厂家、同一品种、同一技术指标的矿物掺合料、粉煤灰和粒化高炉矿渣粉不超过200 t的为一批，硅灰不超过30 t的为一批。

2. 检验方法及要求

按批抽取试样进行细度(比表面积)、需水量比(流动度比)和烧失量(活性指数)试验；设计有其他要求时，还应对相应的性能进行试验；检验结果应分别符合现行国家标准《用于水泥和混凝土中的粉煤灰》(GB/T 1596—2017)、《用于水泥、砂浆和混凝土中的粒化高炉矿渣粉》(GB/T 18046—2017)和《砂浆和混凝土用硅灰》(GB/T 27690—2011)的有关规定。

详细的检验方法见表3.2。

表3.2 矿物掺合料的质量检验方法

序号	名称	检查项目	检查方法	检查数量	检验依据
1	粉煤灰	细度	利用气流作为筛分的动力和介质，通过旋转的喷嘴喷出的气流作用使筛网里的待测粉状物料呈流态化，并在整个系统负压的作用下，将细颗粒通过筛网抽走，从而达到筛分的目的	同一厂家、同一品种、同一批次200 t为一批	《用于水泥和混凝土中的粉煤灰》(GB/T 1596—2017)
		需水量比	按《水泥胶砂流动度测定方法》(GB/T 2419—2005)测定试验胶砂和对比胶砂的流动度，以二者流动度达到130～140 mm时的加水量之比确定粉煤灰的需水量比		
		烧失量	灼烧差减法： 试样在(950±25) ℃的高温炉中灼烧，灼烧所失去的质量即为烧失量。灼烧时间为15～20 min		《水泥化学分析方法》(GB/T 176—2017)
2	矿渣	细度	同《水泥比表面积测定方法 勃氏法》(GB/T 8074—2008)	同一厂家、同一品种、同一批次200 t为一批	《水泥比表面积测定方法 勃氏法》(GB/T 8074—2008)
		需水量比	测定试验样品和对比样品的流动度，用二者流动度之比评价矿渣粉流动度比		《用于水泥、砂浆和混凝土中的粒化高炉矿渣粉》(GB/T 18046—2017)
		烧失量	校正法： 试样在(950±25) ℃的高温炉中灼烧，由于试样中硫化物的氧化而引起试料质量的增加，通过测定灼烧前和灼烧后硫酸盐三氧化硫含量的增加来校正此类水泥的烧失量。灼烧时间为15～20 min		《水泥化学分析方法》(GB/T 176—2017)

续表

序号	名称	检查项目	检查方法	检查数量	检验依据
3	硅灰	细度	详见《气体吸附BET法测定固态物质比表面积》(GB/T 19587—2017)，测定单位质量(或单位体积)固态物质的表面积	同一厂家、同一品种、同一批次不超过30 t为一批	《气体吸附BET法测定固态物质比表面积》(GB/T 19587—2017)
		需水量比	根据受检胶砂与基准胶砂的用水量的比值，来计算相应矿物外加剂的需水量之比		《高强高性能混凝土用矿物外加剂》(GB/T 18736—2017)

3.1.2.4 减水剂

1. 检验批的划分

同一厂家、同一品种的减水剂，掺量大于1%(含1%)的产品不超过100 t为一批，掺量小于1%的产品不超过50 t为一批。

2. 检验方法及要求

(1)按批抽取试样进行减水率、1 d抗压强度比、固体含量、含水率、pH值和密度试验。

(2)检验结果应符合国家现行标准《混凝土外加剂》(GB 8076—2008)、《混凝土外加剂应用技术规范》(GB 50119—2013)和《聚羧酸系高性能减水剂》(JG/T 223—2017)的有关规定。

3.1.2.5 轻集料

1. 检验批的划分

同一类别、同一规格且同密度等级，不超过200 m^3 为一批。

2. 检验方法及要求

(1)轻细集料按批抽取试样进行细度模数和堆积密度试验，高强轻细集料还应进行强度等级试验。

(2)轻粗集料按批抽取试样进行颗粒级配、堆积密度、粒形系数、筒压强度和吸水率试验，高强轻粗集料还应进行强度等级试验。

(3)检验结果应符合现行国家标准《轻集料及其试验方法　第1部分：轻集料》(GB/T 17431.1—2010)的有关规定。

3.1.2.6 混凝土拌制及养护用水

混凝土拌制及养护用水应符合现行行业标准《混凝土用水标准》(JGJ 63—2006)的有关规定，并应符合下列规定：

(1)采用饮用水时，可不检验。

(2)采用中水、搅拌站清洗水或回收水时，应对其成分进行检验，同一水源每年至少检验一次。

3.1.3 材料存放

1. 水泥

(1)水泥要按强度等级和品种分别存放在完好的筒仓内。不同生产企业、不同品种、不同强度等级的不得混仓，储存时应保持密封、干燥、防止受潮；仓外要挂有标识牌，标明入库日期、品种、强度等级、生产厂家、存放数量。

(2)保管日期不能超过 90 天。

(3)存放超过 90 天的水泥要经重新测定强度合格后，才可按测定值调整配合比后使用。

(4)袋装水泥要存放在库房里，应垫起离地约 30 cm，堆放高度一般不超过 10 袋，临时露天暂存水泥也应用防雨篷布盖严，底板要垫高，并采取防潮措施。

2. 骨料

(1)骨料存放要按不同品种、规格分别堆放，并要挂有标识牌，标明规格、产地、存放数量；

(2)骨料存储应有防混料、防尘和防雨措施；

(3)骨料存放应当有骨料仓或者专用的厂棚，不宜露天存放，防止对环境造成污染。

3. 矿物掺合料

(1)袋装材料要存放在厂房内，注意防潮防水；

(2)标有明确的标识牌，标明进场时间、品种、型号、厂家、存放数量等，要对材料进行苫盖。

4. 外加剂

(1)进场时仓库保管员要对材料的生产厂家、品种、生产日期进行核对，核对无误后进行检斤称重，计量单位为吨；

(2)外加剂应按不同生产企业、不同品种分别存放，并有防止沉淀等措施；

(3)大多数液体外加剂有防冻要求，冬季必须在 5 ℃以上的环境中存放；

(4)外加剂存放要挂有标识牌，标明名称、型号、产地、数量、入厂日期。

3.1.4 混凝土配合比设计

混凝土配合比设计是根据设计要求的强度等级确定各组成材料数量之间的比例关系，即确定水泥、水、砂、石、外加剂、混合料之间的比例关系，使其得到的强度满足设计要求。也就是说水胶比、砂率和单位用水量一旦确定，混凝土配合比也就确定了。混凝土配合比设计应满足混凝土配制强度、力学性能和耐久性的设计要求。

有关混凝土配合比设计详见附录。

3.2 钢筋类材料

3.2.1 材料性能

(1)预制混凝土构件采用的钢筋和钢材应符合设计要求;

(2)热轧光圆钢筋和热轧带肋钢筋应符合现行国家标准《钢筋混凝土用钢 第1部分:热轧光圆钢筋》(GB/T 1499.1—2017)和《钢筋混凝土用钢 第2部分:热轧带肋钢筋》(GB/T 1499.2—2018)的规定;

(3)预应力钢筋应符合现行国家标准《预应力混凝土用螺纹钢筋》(GB/T 20065—2016)、《预应力混凝土用钢丝》(GB/T 5223—2014)和《预应力混凝土用钢绞线》(GB/T 5224—2014)的规定;

(4)钢筋焊接网片应符合现行国家标准《钢筋混凝土用钢 第3部分:钢筋焊接网》(GB/T 1499.3—2010)的规定;

(5)钢材宜采用Q235、Q345、Q390、Q420钢;当有可靠的依据时,也可采用其他型号钢材;

(6)吊环应采用未经冷加工的HPB300级钢筋或Q235 B圆钢制作。吊装用内埋式螺母、吊杆及配套吊具,应根据相应的产品标准和设计规定选用。

3.2.2 材料检验

1. 检验批的划分

同一厂家、同一类型且同一钢筋来源的成型钢筋,不超过30 t的为一检验批。

2. 检验方法及要求

(1)成型钢筋。

①每批中每种钢筋牌号、规格均应至少抽取1个钢筋试件,总数不应少于3个,进行屈服强度、抗拉强度、伸长率、外观质量、尺寸偏差和重量偏差检验,检验结果应符合国家现行有关标准的规定;

②对由热轧钢筋组成的成型钢筋,当有企业或监理单位的代表驻厂监督加工过程并能提供原材料力学性能检验报告时,可仅进行重量偏差检验;

③成型钢筋尺寸允许偏差和检验方法应符合表3.3的规定,桁架钢筋的尺寸允许偏差应符合表3.4的规定。

表3.3 成型钢筋尺寸允许偏差和检验方法

项目		允许偏差/mm	检验方法
钢筋网片	长、宽	±5	钢尺检查
	网眼尺寸	±10	钢尺量连续三挡,取最大值
	对角线	5	钢尺检查
	端头不齐	5	钢尺检查

续表

<table>
<tr><th colspan="3">项目</th><th>允许偏差/mm</th><th>检验方法</th></tr>
<tr><td rowspan="10">钢筋骨架</td><td colspan="2">长</td><td>0，−5</td><td>钢尺检查</td></tr>
<tr><td colspan="2">宽</td><td>±5</td><td>钢尺检查</td></tr>
<tr><td colspan="2">高(厚)</td><td>±5</td><td>钢尺检查</td></tr>
<tr><td colspan="2">主筋间距</td><td>±10</td><td>钢尺量两端、中间各一点，取最大值</td></tr>
<tr><td colspan="2">主筋排距</td><td>±5</td><td>钢尺量两端、中间各一点，取最大值</td></tr>
<tr><td colspan="2">箍筋间距</td><td>±10</td><td>钢尺量连续三挡，取最大值</td></tr>
<tr><td colspan="2">弯起点位置</td><td>15</td><td>钢尺检查</td></tr>
<tr><td colspan="2">端头不齐</td><td>5</td><td>钢尺检查</td></tr>
<tr><td rowspan="2">保护层</td><td>柱、梁</td><td>±5</td><td>钢尺检查</td></tr>
<tr><td>板、墙</td><td>±3</td><td>钢尺检查</td></tr>
</table>

表 3.4　桁架钢筋的尺寸允许偏差

项次	检验项目	允许偏差/mm
1	长度	总长度的±0.3%，且不超过±10
2	高度	+1，−3
3	宽度	±5
4	扭翘	≤5

(2)预应力筋。预应力筋进厂时，应全数检查外观质量，并应按现行国家相关标准的规定抽取试件做抗拉强度、伸长率检验，其检验结果应符合相关标准的规定，检查数量应按进厂的批次和产品的抽样检验方案确定。

(3)检验方法详见《钢筋混凝土用钢 第1部分：热轧光圆钢筋》(GB/T 1499.1—2017)、《钢筋混凝土用钢 第2部分：热轧带肋钢筋》(GB/T 1499.2—2018)、《钢筋混凝土用余热处理钢筋》(GB 13014—2013)、《钢筋混凝土用钢 第3部分：钢筋焊接网》(GB/T 1499.3—2010)、《冷轧带肋钢筋》(GB/T 13788—2017)、《高延性冷轧带肋钢筋》(YB/T 4260—2011)中的相关要求进行检验。

钢筋现场检验如图3.1所示，套丝检验如图3.2所示。

图 3.1　钢筋现场检验

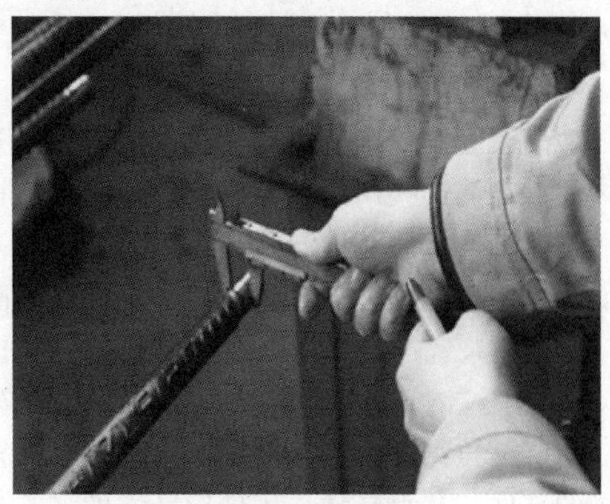

图 3.2　套丝检验

3.2.3 材料存放

钢筋的存放应满足以下要求：

(1)钢筋要存放在防雨、干燥的环境中；

(2)钢筋要按品种、牌号、规格、厂家分别堆放，不得混杂；

(3)每堆钢筋存放时要挂有标识牌，标明进厂日期、型号、规格、生产厂家、数量；

(4)采用专用的钢材存放架进行存放。

3.3 连接材料

预制混凝土构件钢筋机械连接常采用套筒灌浆连接、钢筋浆锚连接、螺栓连接以及螺纹套筒连接。其常用的连接材料有钢筋连接用灌浆套筒、钢筋浆锚连接用镀锌金属波纹管、夹心保温墙板拉结件、灌浆料和连接用金属件等。

所谓钢筋连接用灌浆套筒，是采用铸造工艺或机械加工工艺制造，用于钢筋套筒灌浆连接的金属套筒，可分为全灌浆套筒、半灌浆套筒。全灌浆套筒是两端均采用套筒灌浆连接的灌浆套筒；半灌浆套筒是一端采用套筒灌浆连接，另一端采用机械连接方式连接钢筋的灌浆套筒，如图 3.3 所示。

图 3.3 灌浆套筒

灌浆套筒是金属材质的，主要作用是连接钢筋，钢筋从套筒两端或一端插入，在套筒内注满钢筋连接用套筒灌浆料，通过灌浆料的传力作用实现钢筋的连接。

钢筋连接用套筒灌浆料是以水泥为基本材料，并配以细骨料、外加剂及其他材料混合而成的用于钢筋套筒灌浆连接的干混料，简称灌浆料。

所谓浆锚连接，是指预制混凝土构件连接部位一端为空腔，通过灌注专用水泥基灌浆料使之与螺纹钢筋连接。浆锚连接中常用镀锌金属波纹管作为主要的连接材料，如图 3.4 所示。

所谓拉结件，是指用于拉结预制混凝土夹芯保温外墙板中内、外叶墙板，使其形成整体的部件。其材料常采用玻璃纤维增强非金属或不锈钢材料，如图 3.5 所示。

图 3.4　金属波纹管

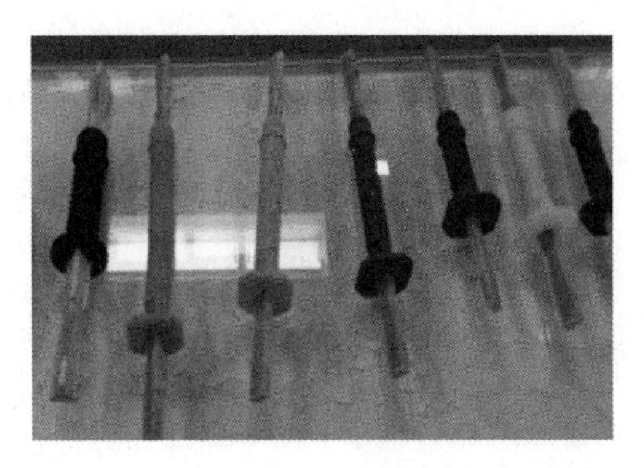
图 3.5　拉结件

3.3.1　材料性能

1. 钢筋连接用灌浆套筒

(1)钢筋连接用灌浆套筒进厂检验应符合现行行业标准《钢筋套筒灌浆连接应用技术规程》(JGJ 355—2015)的规定，其材料性能指标和尺寸允许偏差应符合表 3.5、表 3.6 和表 3.7 的规定，其他性能应符合现行国家行业标准《钢筋连接用灌浆套筒》(JG/T 398—2012)的规定。

表 3.5　球墨铸铁套筒材料性能

项目	单位	性能指标	试验方法
抗拉强度	MPa	≥550	JG/T 398
延伸率	%	≥5	
球化率	%	≥85	

表 3.6　各类钢套筒材料性能

项目	单位	性能指标	试验方法
抗拉强度	MPa	≥600	JG/T 398
延伸率	%	≥16	
屈服强度	MPa	≥355	

表 3.7　套筒尺寸允许偏差

项目	铸造套筒	机械加工套筒
长度允许偏差	±(1%×1)mm	±2.0 mm
外径允许偏差	±1.5 mm	±0.8 mm
壁厚允许偏差	±1.2 mm	±0.8 mm
锚固段环形凸起部分的内径允许偏差	±1.5 mm	±1.0 mm
锚固段环形凸起部分的内径最小尺寸与钢筋公称直径差值	≥10 mm	≥10 mm
直螺纹精度	/	GB/T 197 中 6H 级

对于钢筋连接用灌浆套筒的外观应满足以下要求：

①铸造的套筒表面不应有夹渣、冷隔、砂眼、气孔、裂纹等影响使用性能的质量缺陷；

②机械加工的套筒表面不得有裂纹或影响接头性能的其他缺陷，套筒端面和外表面的边棱处应无尖棱、毛刺；

③套筒外表面应有清晰、醒目的生产企业标识、套筒型号标志和套筒批号；

④套筒表面允许有少量的锈斑或浮锈，不应有锈皮。

另外，灌浆套筒灌浆段最小内径与连接钢筋公称直径的差值应满足表3.8的规定，用于钢筋锚固的深度不宜小于插入钢筋公称直径的8倍。

还应注意：套筒出厂前应有防锈措施。

表3.8　灌浆套筒灌浆段最小内径尺寸要求

钢筋直径/mm	套筒灌浆段最小内径与连接钢筋公称直径差最小值/mm
12～25	10
28～40	15

(2)钢筋连接用套筒灌浆料应符合现行国家行业标准《钢筋连接用套筒灌浆料》(JG/T 408—2013)的规定。

(3)机械连接套筒应符合现行国家行业标准《钢筋机械连接用套筒》(JG/T 163—2013)的规定。

(4)钢筋套筒灌浆的连接接头应符合现行国家行业标准《钢筋套筒灌浆连接应用技术规程》(JGJ 355—2015)的规定，其连接接头的抗拉强度不应小于连接钢筋抗拉强度标准值，且破坏时应断于接头外钢筋。

2. 钢筋浆锚连接用镀锌金属波纹管

钢筋浆锚连接用镀锌金属波纹管的材料性能、外观要求应满足《预应力混凝土用金属波纹管》(JG 225—2007)的规定。

用于制作预应力混凝土用金属波纹管的钢带应为软钢带，性能应符合《水泥化学分析方法》(GB/T 176—2017)的规定，当采用镀锌钢带时，其双面镀锌层重量不应小于60 kg/m^3，性能应符合《连续热镀锌钢板及钢带》(GB/T 2518—2008)的规定。钢带应附有产品合格证或质量保证书。

对于金属波纹管的内径尺寸的允许偏差为±0.5 mm，波纹高度不应小于2.5 mm，外观应清洁，外径尺寸、长度及其允许偏差由供需双方协议确定。外观表面应无锈蚀、油污、附着物、孔洞和不规则的褶皱，咬口应无开裂、脱扣。

3. 夹芯保温墙板拉结件

连接件是保证预制夹芯保温外墙板内、外叶墙板可靠连接的重要部件。纤维增强塑料(FRP)连接件和不锈钢连接件是目前工程应用最普遍的两种连接件。

纤维增强塑料(FRP)连接件由连接板(杆)和套环组成，宜采用单向粗纱与多向纤维布复合，采用拉挤成型工艺制作。为保证FRP连接件具有良好的力学性能，并便于安装和可靠锚固，宜设计成不规则形状，端部带有锚固槽口的形式。由于FRP连接件长期处于混凝土碱环境中，其抗拉强度将有所降低，因此其抗拉强度设计值应考虑折减系数(可取2.0)。其性能指标应符合表3.9的要求。

表 3.9　FRP 连接件性能指标

项目	指标要求	试验方法
拉伸强度/MPa	≥700	GB/T 1447
拉伸弹模/GPa	≥42	GB/T 1447
层间抗剪强度/MPa	≥40	JC/T 773
纤维体积含量/%	≥40	—

不锈钢连接件的性能指标应符合表 3.10 的要求。

表 3.10　不锈钢连接件的性能指标

项目	指标要求	试验方法
屈服强度/MPa	≥380	GB/T 228
拉伸强度/MPa	≥500	GB/T 228
拉伸弹模/GPa	≥190	GB/T 228
抗剪强度/MPa	≥300	GB/T 6400

4. 连接用金属件

连接用金属件的性能应满足《混凝土结构设计规范(2015 年版)》(GB 50010—2010)、《冷轧带肋钢筋混凝土结构技术规程》(JGJ 95—2011)、《钢筋混凝土装配整体式框架节点与连接设计规程》(CECS 43：92)、《钢结构设计标准》(GB 50017—2017)等相关规定的要求。

连接节点应采取可靠的防腐措施，其耐久性应满足工程设计使用年限要求。当采用螺栓连接时，螺栓应符合以下要求：

(1)普通螺栓应符合现行国家标准《六角头螺栓》(GB/T 5782—2016)及《六角头螺栓 C 级》(GB/T 5780—2016)的规定；

(2)锚栓可采用现行国家标准《碳素结构钢》(GB/T 700—2006)规定的 Q235 钢或《低合金高强度结构钢》(GB/T 1591—2018)规定的 Q345 钢；

(3)高强度螺栓应符合现行国家标准《钢结构高强度大六角头螺栓》(GB/T 1228—2006)或《钢结构用扭剪型高强度螺栓连接副》(GB/T 3632—2008)的规定；

(4)螺栓连接的强度设计值、设计预拉力值以及钢材摩擦面抗滑移系数值等指标，应按《钢结构设计标准》(GB 50017—2017)的规定采用。

3.3.2　材料检验

1. 钢筋连接用灌浆套筒和灌浆料

由于工厂生产预制混凝土构件时不需要灌浆料，预制混凝土构件工厂自身没有采购灌浆料的计划，因此为保证灌浆套筒自身的质量能够满足设计、生产及施工要求，在进行预制混凝土构件生产前，需要根据设计图纸或施工企业确定的灌浆料品种，采购试验用的灌浆料，进行套筒灌浆试验，测定其抗拉强度是否满足要求。

对灌浆套筒和灌浆料进厂检验应符合现行行业标准《钢筋套筒灌浆连接应用技术规程》(JGJ 355—2015)的有关规定。

详细的检查方法见表3.11。

表3.11 灌浆套筒和灌浆料的质量检查方法

序号	检查内容		检查数量	检查方法	检查结果
1	钢筋连接用灌浆套筒	外观质量、标识和尺寸偏差	同一批号、同一类型、同一规格，不超过1 000个的为一批，每批随机抽取10个灌浆套筒	观察、尺量检查	符合《钢筋连接用灌浆套筒》(JG/T 398—2012)及《钢筋套筒灌浆连接应用技术规程》(JGJ 355—2015)的相关规定
		抗拉强度检验	同一批号、同一类型、同一规格，不超过1 000个的为一批，每批随机抽取3个灌浆套筒制作对中连接接头试件	检查质量证明文件和抽样检查报告	符合《钢筋套筒灌浆连接应用技术规程》(JGJ 355—2015)的相关规定
2	灌浆料	灌浆料拌合物30 min流动度、泌水率及3 d抗压强度、28 d抗压强度、3 h竖向膨胀率、24 h与3 h竖向膨胀率差值	同一成分、同一批号，不超过50 t的为一批。每批随机抽取灌浆料制作试件	检查质量证明文件和抽样检查报告	符合《钢筋连接用套筒灌浆料》(JG/T 408—2013)的相关规定

如果有下列情况之一，一般应进行钢筋套筒灌浆连接接头试件型式检验：

(1)套筒产品定型时；

(2)套筒材料、工艺、规格进行改动时；

(3)型式检验报告超过4年时；

(4)国家检验机构提出检验时。

钢筋套筒灌浆连接接头试件型式检验是采用套筒和钢筋连接后的钢筋接头试件的形式进行。型式检验的检验项目、试件数量、检验方法和判定规则应符合《钢筋机械连接技术规程》(JGJ 107—2016)的规定。钢筋套筒灌浆连接接头试件型式检验报告表3.12～表3.14，钢筋套筒灌浆连接接头试件工艺检验报告见表3.15。

表3.12 钢筋套筒灌浆连接接头试件型式检验报告

(全灌浆套筒连接基本参数)

接头单位		送检日期	
送检单位		试件制作地点/日期	
接头试件基本参数	连接件示意图(可附页)	钢筋牌号	
		钢筋公称直径/mm	
		灌浆套筒品牌、型号	
		灌浆套筒材料	
		灌浆料品牌、型号	
灌浆套筒设计尺寸/mm			

续表

<table>
<tr><td colspan="2">长度/mm</td><td colspan="2">外径/mm</td><td colspan="3">钢筋插入深度(短端)/mm</td><td colspan="2">钢筋插入深度(长端)/mm</td></tr>
<tr><td colspan="2"></td><td colspan="2"></td><td colspan="3"></td><td colspan="2"></td></tr>
<tr><td colspan="9">接头试件实测尺寸</td></tr>
<tr><td rowspan="2">试件编号</td><td colspan="2" rowspan="2">灌浆套筒外径/mm</td><td colspan="2" rowspan="2">灌浆套筒长度/mm</td><td colspan="3">钢筋插入深度/mm</td><td rowspan="2">钢筋
对中/偏置</td></tr>
<tr><td>短端</td><td colspan="2">长端</td></tr>
<tr><td>No. 1</td><td></td><td></td><td colspan="2"></td><td></td><td colspan="2"></td><td>偏置</td></tr>
<tr><td>No. 2</td><td></td><td></td><td colspan="2"></td><td></td><td colspan="2"></td><td>偏置</td></tr>
<tr><td>No. 3</td><td></td><td></td><td colspan="2"></td><td></td><td colspan="2"></td><td>偏置</td></tr>
<tr><td>No. 4</td><td></td><td></td><td colspan="2"></td><td></td><td colspan="2"></td><td>对中</td></tr>
<tr><td>No. 5</td><td></td><td></td><td colspan="2"></td><td></td><td colspan="2"></td><td>对中</td></tr>
<tr><td>No. 6</td><td></td><td></td><td colspan="2"></td><td></td><td colspan="2"></td><td>对中</td></tr>
<tr><td>No. 7</td><td></td><td></td><td colspan="2"></td><td></td><td colspan="2"></td><td>对中</td></tr>
<tr><td>No. 8</td><td></td><td></td><td colspan="2"></td><td></td><td colspan="2"></td><td>对中</td></tr>
<tr><td>No. 9</td><td></td><td></td><td colspan="2"></td><td></td><td colspan="2"></td><td>对中</td></tr>
<tr><td>No. 10</td><td></td><td></td><td colspan="2"></td><td></td><td colspan="2"></td><td>对中</td></tr>
<tr><td>No. 11</td><td></td><td></td><td colspan="2"></td><td></td><td colspan="2"></td><td>对中</td></tr>
<tr><td>No. 12</td><td></td><td></td><td colspan="2"></td><td></td><td colspan="2"></td><td>对中</td></tr>
<tr><td colspan="9">灌浆料性能</td></tr>
</table>

<table>
<tr><td rowspan="2">每 10 kg 灌浆料加水量/kg</td><td colspan="7">试件抗压强度量测值/(N・mm^{-2})</td><td rowspan="2">合格指标
/(N・mm^{-2})</td></tr>
<tr><td>1</td><td>2</td><td>3</td><td>4</td><td>5</td><td>6</td><td>取值</td></tr>
<tr><td></td><td></td><td></td><td></td><td></td><td></td><td></td><td></td><td></td></tr>
<tr><td>评定结论</td><td colspan="8"></td></tr>
<tr><td colspan="9">注：1. 接头试件实测尺寸、灌浆料性能由检验单位负责检验与填写，其他信息应由送检单位如实申报。
2. 接头试件实测尺寸中外径量测任意两个断面。</td></tr>
</table>

表 3.13 钢筋套筒灌浆连接接头试件型式检验报告
(半灌浆套筒连接基本参数)

<table>
<tr><td>接头单位</td><td></td><td>送检日期</td><td></td></tr>
<tr><td>送检单位</td><td></td><td>试件制作地点/日期</td><td></td></tr>
<tr><td rowspan="5">接头试件基本参数</td><td rowspan="5">连接件示意图(可附页)</td><td>钢筋牌号</td><td></td></tr>
<tr><td>钢筋公称直径/mm</td><td></td></tr>
<tr><td>灌浆套筒品牌、型号</td><td></td></tr>
<tr><td>灌浆套筒材料</td><td></td></tr>
<tr><td>灌浆料品牌、型号</td><td></td></tr>
<tr><td colspan="4">灌浆套筒设计尺寸/mm</td></tr>
<tr><td>长度/mm</td><td>外径/mm</td><td>灌浆端钢筋插入深度/mm</td><td>机械连接端类型</td></tr>
<tr><td></td><td></td><td></td><td></td></tr>
</table>

续表

机械连接端基本参数		

接头试件实测尺寸						
试件编号	灌浆套筒外径/mm		灌浆套筒长度/mm	灌浆端钢筋插入深度/mm		钢筋对中/偏置
No. 1						偏置
No. 2						偏置
No. 3						偏置
No. 4						对中
No. 5						对中
No. 6						对中
No. 7						对中
No. 8						对中
No. 9						对中
No. 10						对中
No. 11						对中
No. 12						对中

灌浆料性能								
每10 kg灌浆料加水量/kg	试件抗压强度量测值/($N \cdot mm^{-2}$)							合格指标/($N \cdot mm^{-2}$)
	1	2	3	4	5	6	取值	
评定结论								

注：1. 接头试件实测尺寸、灌浆料性能由检验单位负责检验与填写，其他信息应由送检单位如实申报。

2. 机械连接端类型按直螺纹、锥螺纹、挤压三类填写。

3. 机械连接端基本参数：直螺纹为螺纹螺距、螺纹牙型角、螺纹公称直径和安装扭矩；锥螺纹为螺纹螺纹、螺纹牙型角、螺纹锥度和安装扭矩；挤压为压痕道次与压痕总宽度。

4. 接头试件实测尺寸中外径量测任意两个断面。

表 3.14 钢筋套筒灌浆连接接头试件型式检验报告

（试验结果）

接头名称			送检日期		
送检单位			钢筋牌号与公称直径/mm		
钢筋母材试验结果	试件编号	No. 1	No. 2	No. 3	要求指标
	屈服强度/($N \cdot mm^{-2}$)				
	抗拉强度/($N \cdot mm^{-2}$)				

续表

试验结果	偏置单向拉伸	试件编号	No. 1	No. 2	No. 3	要求指标
		屈服强度/(N·mm^{-2})				
		抗拉强度/(N·mm^{-2})				
		破坏形式				钢筋拉断
	对中单向拉伸	试件编号	No. 4	No. 5	No. 6	要求指标
		屈服强度/(N·mm^{-2})				
		抗拉强度/(N·mm^{-2})				
		残余变形/mm				
		最大力下总伸长率/%				
		破坏形式				钢筋拉断
	高应力反复拉压	试件编号	No. 7	No. 8	No. 9	要求指标
		抗拉强度/(N·mm^{-2})				
		残余变形/mm				
		破坏形式				钢筋拉断
	大变形反复拉压	试件编号	No. 10	No. 11	No. 12	要求指标
		抗拉强度/(N·mm^{-2})				
		残余变形/mm				
		破坏形式				钢筋拉断
评定结论						
检验单位					试验日期	
试验员				试件制作监督人		
校核				负责人		
注：试件制作监督人应为检验单位人员。						

表 3.15　钢筋套筒灌浆连接接头试件工艺检验报告
（试验结果）

接头名称				送检日期	
送检单位				试件制作地点	
钢筋生产企业				钢筋牌号	
钢筋公称直径/mm				灌浆套筒类型	
灌浆套筒品牌、型号				灌浆料品牌、型号	
灌浆施工人所属单位					

对中单向拉伸试验结果	试件编号	No. 1	No. 2	No. 3	要求指标
	屈服强度/(N·mm^{-2})				
	抗拉强度/(N·mm^{-2})				
	残余变形/mm				
	最大力下总伸长率/%				
	破坏形式				钢筋拉断

续表

<table>
<tr><td rowspan="3">灌浆料抗压强度试验结果</td><td colspan="7">试件抗压强度量测值/($N \cdot mm^{-2}$)</td><td rowspan="3">28 d合格指标/($N \cdot mm^{-2}$)</td></tr>
<tr><td>1</td><td>2</td><td>3</td><td>4</td><td>5</td><td>6</td><td>取值</td></tr>
<tr><td></td><td></td><td></td><td></td><td></td><td></td><td></td></tr>
<tr><td colspan="2">评定结论</td><td colspan="7"></td></tr>
<tr><td colspan="2">检验单位</td><td colspan="7"></td></tr>
<tr><td colspan="2">试验员</td><td colspan="3"></td><td colspan="2">校核</td><td colspan="2"></td></tr>
<tr><td colspan="2">负责人</td><td colspan="3"></td><td colspan="2">试验日期</td><td colspan="2"></td></tr>
<tr><td colspan="9">注：对中单向拉伸检验结果、灌浆料抗压强度试验结果、检验结论由检验单位负责检验与填写，其他信息应由送检单位如实申报。</td></tr>
</table>

2. 钢筋浆锚连接用镀锌金属波纹管

(1)外观检查。

检查数量：全数检查。

检查方法：观察法。

(2)尺寸检查。

检查数量：按进厂的批次和产品的抽样检验。

检验工具：内外径尺寸用游标卡尺测量、钢带厚度用螺旋千分尺测量、长度用钢卷尺测量、波纹高度用游标卡尺测量。

检查方法：圆管内径尺寸为试件相互垂直的两个直径的平均值；扁管长、短轴方向内径尺寸为试件两端尺寸的平均值；钢带厚度及波纹管高度为试件两端实测值的平均值。测量时应避开端部切口位置。

(3)径向刚度检验。

检查数量：按进厂的批次和产品的抽样检验。

检查方法：集中荷载作用下刚度试验和均布荷载作用下刚度试验。

(4)抗渗漏性能检验。

检查数量：按进厂的批次和产品的抽样检验。

检查方法：承受集中荷载后的抗渗漏性能试验和弯曲后抗渗漏性能试验。

所有检验结果均应符合现行行业标准《预应力混凝土用金属波纹管》(JG 225—2007)的规定。

如果有下列情况之一，应进行钢筋浆锚连接用镀锌金属波纹管型式检验：

①新产品或老产品转厂生产的试制定型鉴定；

②正式生产后，如材料、设备、工艺有较大改变，可能影响到产品性能时；

③正常生产时，每2年进行一次；

④产品停产半年或以上，恢复生产时；

⑤出厂检验结果与上次型式检验有较大差异时；

⑥国家质量监督机构提出进行型式检验要求时。

3. 夹芯保温墙板拉结件

(1)检验批的划分。同一厂家、同一类别、同一规格产品，不超过10 000的件为一批。

(2)检验方法及要求。按批抽取试样进行外观尺寸、材料性能、力学性能检验，检验结果应符合设计要求。对于金属拉结件还要检查镀锌是否完好。

3.3.3 材料存放

3.3.3.1 钢筋连接用灌浆套筒

1. 标识

套筒表面应刻印清晰、持久性标志，包装箱上应有明显的产品标志，如产品名称、执行标准、规格型号、数量、质量、生产批号、生产日期、生产厂家等信息。

2. 产品合格证

套筒出厂时应附有产品合格证，产品合格证的内容应包括产品名称、套筒型号、规格、适用钢筋强度级别、生产批号、材料牌号、数量、检验结论、检验合格签章等信息，钢筋连接用灌浆套筒产品合格证见表 3.16。

表 3.16 钢筋连接用灌浆套筒产品合格证

合格证编号：

<table>
<tr><td colspan="3">产品名称：钢筋连接用灌浆套筒</td><td>出厂日期</td><td></td></tr>
<tr><td colspan="5">明细</td></tr>
<tr><td>套筒型号</td><td>生产批号</td><td>材料牌号</td><td>数量</td><td>备注</td></tr>
<tr><td></td><td></td><td></td><td></td><td></td></tr>
<tr><td></td><td></td><td></td><td></td><td></td></tr>
<tr><td></td><td></td><td></td><td></td><td></td></tr>
<tr><td></td><td></td><td></td><td></td><td></td></tr>
<tr><td>执行标准</td><td colspan="4">行业标准：
企业标准：</td></tr>
<tr><td>检验结论</td><td colspan="4">各项检验项目均应符合上述执行标准的要求，判定合格。
检验员：</td></tr>
<tr><td>企业邮编、地址</td><td colspan="4"></td></tr>
<tr><td>联系电话、传真</td><td colspan="4"></td></tr>
<tr><td colspan="5">单位名称(盖章有效)</td></tr>
</table>

3. 存放要求

(1)生产厂家提供的进货数量由仓库保管员进行清点，核实数量，计量单位为个。

(2)套筒要存放在仓库中，由仓库保管员统一保管，避免丢失。

(3)套筒存放在防潮、防水、防雨的环境中，并按照规格型号分别码放。

3.3.3.2 钢筋浆锚连接用镀锌金属波纹管

1. 标识

金属波纹管采用钢丝多档捆绑，每 3 根为一捆。出厂时应附有质量保证书，质量保证书应注明产品名称、根数、长度、生产日期、生产厂家和检验盖章等，并附有本检验批的检验报告。预应力混凝土用金属波纹管质量检验表见表 3.17。

表 3.17　预应力混凝土用金属波纹管质量检验表

标记：　　　　　　　　　　　　　　　　　　　　检验日期：

<table>
<tr><td>序号</td><td colspan="3">项目名称</td><td colspan="3">检验结果</td></tr>
<tr><td>1</td><td colspan="3">外观</td><td>试件 1</td><td>试件 2</td><td>试件 3</td></tr>
<tr><td rowspan="4">2</td><td rowspan="4">尺寸</td><td colspan="2">圆管内径 d/mm</td><td></td><td></td><td></td></tr>
<tr><td colspan="2">扁管 $b \times h$/mm</td><td></td><td></td><td></td></tr>
<tr><td colspan="2">钢带厚度 t/mm</td><td></td><td></td><td></td></tr>
<tr><td colspan="2">波纹高度 h_c/mm</td><td></td><td></td><td></td></tr>
<tr><td rowspan="4">3</td><td rowspan="4">径向刚度</td><td rowspan="2">集中荷载下</td><td>外径变形/mm</td><td></td><td></td><td></td></tr>
<tr><td>内径变形比</td><td></td><td></td><td></td></tr>
<tr><td rowspan="2">均布荷载下</td><td>外径变形/mm</td><td></td><td></td><td></td></tr>
<tr><td>内径变形比</td><td></td><td></td><td></td></tr>
<tr><td>4</td><td colspan="3">集中荷载作用后抗渗漏试验</td><td></td><td></td><td></td></tr>
<tr><td>5</td><td colspan="3">弯曲抗渗漏试验</td><td></td><td></td><td></td></tr>
<tr><td colspan="4">检验结论</td><td colspan="3"></td></tr>
</table>

2. 运输要求

金属波纹管端部毛刺极易伤手，搬运时宜戴手套防护，且搬运时应轻拿轻放，不得投掷、抛甩或在地上拖拉；波纹管装车时，车底应平整，上部不得堆放重物，端部不宜伸出车外，装车完毕后应用绳索缚车，并用苫布遮严。

3. 存放要求

(1)金属波纹管在仓库内长期保管时，仓库应保持干燥，且应有防潮、通风措施。

(2)金属波纹管在室外的保管时间不宜过长，不得直接堆放在地面上，应堆放在枕木上并用苫布等覆盖，防止雨露的影响。

(3)金属波纹管的堆放高度不宜超过 3 m。

3.3.3.3　夹芯保温墙板拉结件

(1)按类别、规格型号分别存放。

(2)存放要有标识。

(3)存放在干燥通风的仓库。

3.4　预埋件

3.4.1　材料性能

在预制混凝土构件中常用的预埋件有预埋螺栓、预埋内丝、预埋钢板、吊钉、预埋管线及预埋线盒等，分别如图 3.6～图 3.11 所示。

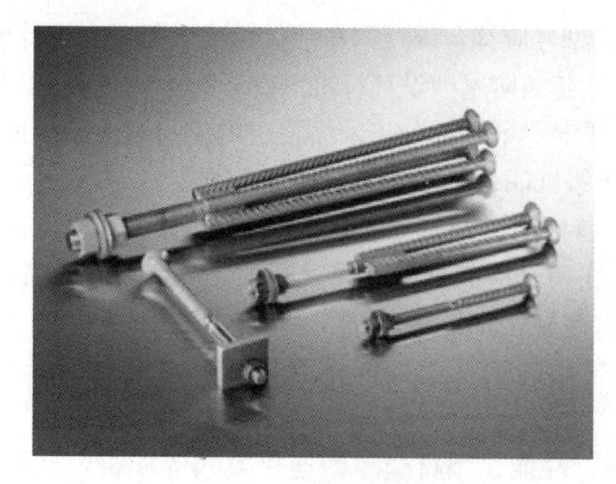

图 3.6　预埋螺栓

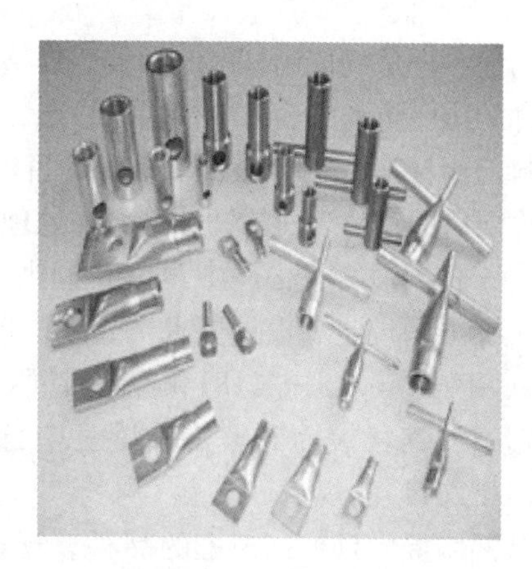

图 3.7　预埋内丝

图 3.8　预埋钢板

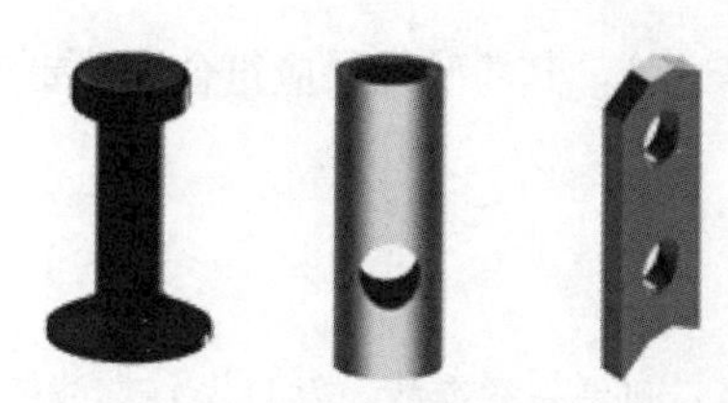

图 3.9　吊钉

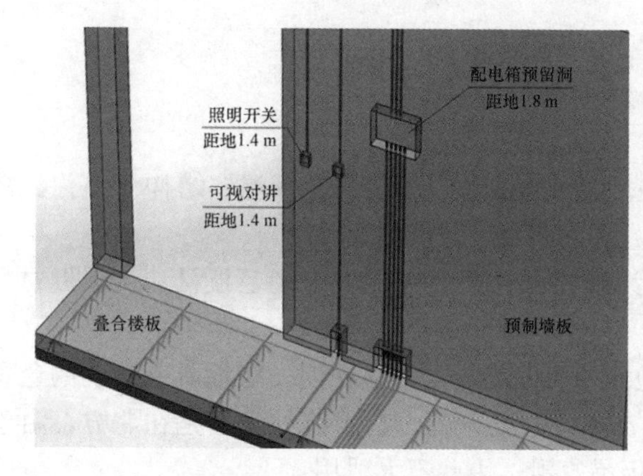

图 3.10　预埋管线示意图

图 3.11　预埋线盒

对于预埋件的使用材料、品种、规格、型号应符合现行国家相关标准的规定和设计要求；预埋件的防腐防锈应满足现行国家标准《工业建筑防腐蚀设计标准》(GB/T 50046—2018)和《涂覆涂料前钢材表面处理 表面清洁度的目视评定　第1部分：未涂覆过的钢材表面和全面清除原有涂层后的钢材表面的锈蚀等级和处理等级》(GB/T 8923.1—2011)的规定。

对于预制混凝土构件中预留孔洞内的管线，其材料、品种、规格、型号应符合现行国家相关标准的规定和设计要求。管线的防腐防锈应满足现行国家标准《工业建筑防腐蚀设计标准》(GB/T 50046—2018)和《涂覆涂料前钢材表面处理 表面清洁度的目视评定 第1部分：未涂覆过的钢材表面和全面清除原有涂层后的钢材表面的锈蚀等级和处理等级》(GB/T 8923.1—2011)的规定。

预制墙板中预留门窗框的品种、规格、性能、型材壁厚、连接方式等应符合现行国家相关标准的规定和设计要求。

3.4.2　材料检验

对于预埋件的制作应严格按照设计图纸的要求进行制作，对进场的预埋件生产厂家需要提供详细的产品检测报告和产品合格证，并由预制混凝土构件工厂内的质检员对进场预埋件进行抽样检查，合格后方可使用。对于有腐蚀性要求的预埋件要进行镀锌检验，确保预埋件的质量能够符合生产要求。

对于预埋吊件的检验应满足以下要求：

1. 检验批的划分

同一厂家、同一类别、同一规格预埋吊件，不超过10 000件的为同一检验批。

2. 检验方法及要求

按批抽取试样进行外观尺寸、材料性能、抗拉拔性能等试验，其检验结果应符合设计要求。

3.4.3　材料存放

(1)预埋件要有专门的存放区，按照预埋件的种类、规格、型号分类存放，并且做好存放标识。

(2)对于预埋件存放场地的环境要防水、通风、干燥。

3.5　饰面材料

在预制外墙板中，经常会用到一些装饰材料来实现装饰、保温、结构一体化。常用的材料有石材、瓷板、面砖、造型模板、清水混凝土防护剂等。

石材饰面板材按其加工方法可分为磨光板材、亚光板材、烧毛板材、机刨板材、剁斧板材和蘑菇石。

(1)磨光板材：经过细磨加工和抛光，表面光亮，结晶裸露，表面具有鲜明的色彩和美丽的花纹。多用于室内外墙面、地面、立柱、纪念碑、基碑等处。但是在北方，由于冬季寒冷，若在室外地面采用磨光花岗石极易打滑，因此不太适用。

(2)亚光板材：表面经过机械加工，平整、细腻，能使光线产生漫射现象，有色泽和花纹。其常用于室内墙柱面。

(3)烧毛板材：经机械加工成型后，表面用火焰烧蚀，形成不规则粗糙表面，表面呈灰白色，岩体内暴露晶体仍旧闪烁发亮，具有独特装饰效果。其多用于外墙面。

(4)机刨板材：是近几年兴起的新工艺，用机械将石材表面加工成有相互平行的刨纹，替代剁斧石。其常用于室外地面、石阶、基座、踏步、檐口等处。

(5)剁斧板材：经人工剁斧加工，使石材表面具有规律的条状斧纹。其用于室外台阶、纪念碑座。

(6)蘑菇石：将块材四边基本凿平齐，中部石材自然凸出一定高度，使材料更具有自然和厚实感。其常用于重要建筑外墙基座。

3.5.1 材料性能

(1)涂料和面砖等外装饰材料质量应符合现行国家相关标准的规定和设计要求。

(2)当采用面砖饰面时，宜选用背面带燕尾槽的面砖，燕尾槽的尺寸应符合现行国家相关标准的规定和设计要求。

(3)其他外装饰材料应符合现行国家相关标准的规定。

3.5.2 材料检验

(1)石材要符合现行有关标准的要求，常用石材厚度为25～30 mm。

(2)各类瓷砖的外观尺寸、表面质量、物理性能、化学性能要符合相关规定，厂家需提供型式检验报告，必要时进行复检。

3.5.3 材料存放

(1)反打石材和瓷砖宜在室内储存，如果在室外储存必须遮盖，周围设置车挡。

(2)反打石材一般规格不大，装箱运输存放。无包装箱的大规格板材直立码放时，应光面相对，倾斜度不应大于15°，底面与层间用无污染的弹性材料支垫。

(3)装饰面砖的包装箱可以码垛存放，但不宜超过3层。

3.6 门窗

预制混凝土构件中的门窗框在选择、验收和保管时应满足以下要求：

(1)门窗框应有产品合格证或出厂检验报告，明确其品种、规格、生产单位等。门窗框质量应符合现行有关标准的规定。

(2)门窗框的品种、规格、尺寸、性能和开启方向、型材壁厚和连接方式等应符合设计要求。

(3)门窗框应直接安装在墙板构件的模具中，门窗框安装的位置应符合设计要求。生产时应在模具体系上设置限位框或限位件进行固定。

(4)门窗框在构件制作、驳运、堆放、安装过程中，应进行包裹或遮挡，避免污染、划伤和损坏门窗框。

PC 墙板一体化用窗户窗框与传统后安装的窗框不同，由于操作工艺不同，PC 墙板一体化的窗框要比传统窗框的厚度厚一些，考虑到要有一部分埋设在混凝土中。因此，在选择、验收和保管时应注意以下要求：

(1)根据图样设计要求进行窗户的采购。

(2)加工完成的窗户材质、外观质量、尺寸偏差、力学性能、物理性能等应符合现行相关标准的规定。

(3)材料进厂时要有合格证、使用说明书、型式检验报告等相关质量证明文件。

(4)厂家材料进场时保管员与质检员需对窗户的材质、数量、尺寸进行逐套检查。

(5)窗户应放置在清洁、平整的地方，且应避免日晒雨淋。不要直接接触地面，下部应放置垫木，且均应立放，与地面夹角不应小于 70°，要有防倾倒措施。

(6)放置窗户不得与腐蚀物质接触。

(7)每一套窗户都要有单独的包装和防护，并且有标识。

3.7 保温材料

3.7.1 材料性能

预制夹芯保温外墙板可采用有机类保温板和无机类保温板作为夹芯保温层的材料，有机类保温板燃烧性能等级不应低于 B_1 级，无机类保温板燃烧性能等级应为 A 级，其他性能还应符合下列规定：

(1)有机保温材料。

①聚苯乙烯板。

a. 模塑聚苯乙烯板应符合现行国家标准《模塑聚苯板薄抹灰外墙外保温系统材料》(GB/T 29906—2013)中 039 级产品的有关规定，具体规定见表 3.18。

表 3.18 模塑聚苯乙烯板性能指标

项目	性能指标	
	039 级	033 级
导热系数/[W·(m·K)$^{-1}$]	≤0.039	≤0.033
表观密度/(kg·m^{-3})	18～22	
垂直于板面方向的抗拉强度/MPa	≥0.10	
尺寸稳定性/%	≤0.3	
弯曲变形/mm	≥20	
水蒸气渗透系数/[ng·(Pa·m·s)$^{-1}$]	≤4.5	
吸水率(体积分数)/%	≤3	
燃烧性能等级	不低于 B_2 级	B_1 级

b. 挤塑聚苯乙烯板宜采用不带表皮的毛面板或带表皮的开槽板，性能指标(燃烧性能除外)应符合现行国家标准《挤塑聚苯板(XPS)薄抹灰外墙外保温系统材料》(GB/T 30595—2014)的有关规定，具体规定见表3.19。

表3.19 挤塑聚苯乙烯板性能指标

项目	性能指标
表观密度/(kg·m^{-3})	22～35
导热系数(25 ℃)/[W·(m·K)$^{-1}$]	不带表皮的毛面板，≤0.032；带表皮的开槽板，≤0.030
垂直于板面方向的抗拉强度/MPa	≥0.20
压缩强度/MPa	≥0.20
弯曲变形①/mm	≥20
尺寸稳定性/%	≤1.2
吸水率(V/V)/%	≤1.5
水蒸气透湿系数/[ng·(Pa·m·s)$^{-1}$]	3.5～1.5
氧指数/%	≥26
燃烧性能等级	不低于B_2级
①对带表皮的开槽板，弯曲试验的方向应与开槽方向平行	

c. 改性聚苯乙烯保温板应符合表3.20的规定。

表3.20 改性聚苯乙烯保温板性能指标

项目	性能指标	试验方法
表观密度/(kg·m^{-3})	30～60	GB/T 6343
导热系数/[W·(m·K)$^{-1}$]	≤0.036	GB/T 10294或GB/T 10295
垂直板面压缩强度(形变10%)/MPa	≥0.12	GB/T 8813
垂直板面抗拉强度/MPa	≥0.12	GB/T 29906
尺寸稳定性/%	≤0.60	GB/T 8811
体积吸水率/%	≤3.0	GB/T 10801.1
水蒸气透过系数/[ng·(Pa·m·s)$^{-1}$]	≤8.0	GB/T 17146
燃烧性能等级	A(A2)	GB 8624

d. 聚苯板主要性能指标应符合表3.21的规定，其他性能指标应符合现行国家标准《绝热用模塑聚苯乙烯泡沫塑料》(GB/T 10801.1—2002)和《绝热用挤塑苯乙烯泡沫塑料(XPS)》(GB/T 10801.2—2018)的规定，具体规定见表3.21。

表3.21 聚苯板主要性能指标要求

项目	单位	性能指标		试验方法
		EPS板	XPS板	
表观密度	kg/m^3	20～30	30～35	GB/T 6343
导热系数	W/(m·K)	≤0.041	≤0.03	GB/T 10294

续表

项目	单位	性能指标		试验方法
		EPS板	XPS板	
压缩强度	MPa	≥0.10	≥0.20	GB/T 8813
燃烧性能	—	不低于 B_2 级		GB 8624
尺寸稳定性	%	≤3	≤2.0	GB/T 8811
吸水率(体积分数)	%	≤4	≤1.5	GB/T 8810

②硬泡聚氨酯板应符合现行国家标准《建筑绝热用硬质聚氨酯泡沫塑料》(GB/T 21558—2008)中对Ⅲ类产品的有关规定。

③酚醛泡沫板应符合现行国家标准《绝热用硬质酚醛泡沫制品(PF)》(GB/T 20974—2014)中对Ⅱ类(A)产品的有关规定。

(2)无机保温材料。

①真空绝热板。

②泡沫玻璃板应符合现行行业标准《泡沫玻璃绝热制品》(JC/T 647—2014)中对Ⅱ类产品的有关规定。

③膨胀珍珠岩保温板应符合现行国家标准《膨胀珍珠岩绝热制品》(GB/T 10303—2015)中对250号产品的有关规定。

采用无机类保温板作保温层时，用于板材间填缝的水泥基无机保温砂浆性能应符合现行上海市规程《无机保温砂浆系统应用技术规程》(DG/TJ 08—2088—2018)中对Ⅰ型产品的有关规定。

3.7.2 材料检验

1. 检验批的划分

同一厂家、同一品种且同一规格，不超过5 000 m^2 的为一批。

2. 检验方法及要求

(1)按批抽取试样进行导热系数、密度、压缩强度、吸水率和燃烧性能试验。

(2)检验结果应符合设计要求和现行国家相关标准的有关规定。

保温材料的质量检验方法见表3.22。

表3.22 保温材料的质量检验方法

序号	检查项目	检查内容	检验依据	检查结果
1	模塑板	垂直于板面方向的抗拉强度	《模塑聚苯板薄抹灰外墙外保温系统材料》(GB/T 29906—2013)	GB/T 29906
		燃烧性能等级		GB 8624
		尺寸允许偏差		GB/T 6342

续表

序号	检查项目	检查内容	检验依据	检查结果
2	挤塑板	表观密度	《挤塑聚苯板(XPS)薄抹灰外墙外保温系统材料》(GB/T 30595—2014)	GB/T 6343
		垂直于板面方向的抗拉强度		GB/T 30595
		弯曲变形		GB/T 8812.1
		尺寸稳定性		GB/T 8811
		氧指数		GB/T 2406.2
		燃烧性能等级		GB 8624
		尺寸允许偏差		GB/T 6342

3.7.3 材料存放

(1)保温材料要存放在防火区域中，并在存放处配置灭火器。

(2)存放时应防水、防潮。

3.8 其他

在预制混凝土构件生产中，除上述材料外，还需要一些具体的工装和配套材料，如定位销钉、堵孔塞、卡扣、脱模剂等。

3.8.1 材料性能

1. 脱模剂

常用的脱模剂有水性和油性两类。水性脱模剂使用方便，操作安全，无油雾，对环境污染小，对人体伤害小，使用后不影响产品的二次加工；油性脱模剂成本高，易产生油雾，加工现场对环境污染大，对人体伤害大，且影响产品的二次使用。因此，预制混凝土构件的脱模剂常采用水性脱模剂，不建议使用油性脱模剂。

在混凝土模板内表面上涂刷脱模剂的目的是减少混凝土与模板的粘结力而易于脱离，不致因混凝土初期强度过低而在脱模时受到损坏，保持混凝土表面光洁，同时可保护模板，防止其变形或锈蚀，便于清理和减少维修费用，因此，脱模剂须满足以下要求：

(1)良好的脱模性能；

(2)涂敷方便、成模快、拆模后易清洗；

(3)不影响混凝土表面装饰效果，混凝土表面不留浸渍印痕、泛黄变色；

(4)不污染钢筋、对混凝土无害；

(5)保护模具、延长模具使用寿命；

(6)具有较好的稳定性、耐水性和耐候性。

2. 预应力筋用锚具、夹具、连接器

预应力筋用锚具、夹具和连接器的基本性能应符合现行国家标准《预应力筋用锚具、夹具和连接器》(GB/T 14370—2015)的规定。

3.8.2 材料检验

1. 脱模剂

(1)脱模剂应无毒、无刺激性气味，不应影响混凝土性能和预制混凝土构件表面装饰效果。

(2)脱模剂应按照使用品种，选用前及正常使用后每年进行一次匀质性和施工性能试验。

(3)检验结果应符合现行行业标准《混凝土制品用脱模剂》(JC/T 949—2005)的有关规定。

2. 预应力筋用锚具、夹具、连接器

(1)检验批划分。同一厂家、同一型号、同一规格且同一批号的产品，不宜超过2 000套为一批，每个检验批的夹具和连接器不宜超过500套。

(2)检验方法及要求。

①外观检查。从每批产品中抽取2%的锚具(夹具或连接器)且不应小于10套，其外观尺寸应符合产品质量保证书所示的尺寸范围，且表面不得有裂纹及锈蚀。

②硬度检验。从每批产品中抽取3%的锚具(或夹具、连接器)且不应小于5套样品，其应符合产品质量保证书的规定。

③静载锚固性能试验。外观检查和硬度检验均合格的锚具(或夹具、连接器)中抽取样品，与相应规格和强度等级的预应力筋组装成3个预应力筋一锚具(或夹具、连接器)组装件，其检验结果应符合现行行业标准《预应力筋用锚具、夹具和连接器应用技术规程》(JGJ 85—2010)的有关规定。

对于锚具(或夹具、连接器)用量较少的一般工程，如由锚具供应商提供有效的锚具静载锚固性能试验合格的证明文件，可仅进行外观检查和硬度检验。

3.8.3 材料存放

1. 脱模剂

(1)验收时要对照采购单，核对品名、厂家、规格、型号、生产日期、说明书等；

(2)运输、储存过程中防止暴晒、雨淋、冰冻；

(3)存放在专用仓库或固定的场所，妥善保管，方便识别、检查、取用等；

(4)在规定的使用期限内使用。超过使用期应做试验检验，合格后方可使用。

2. 预应力筋用锚具、夹具、连接器

(1)标识。锚具、夹具和连接器应有制造厂名、产品型号或标记、制造日期或生产批号，对容易混淆而又难以区分的锚具零件(如夹片)，应有识别标记。

(2)存放。锚具、夹具和连接器均应设专人保管。存放、运输均应妥善保护，避免锈蚀、粘污、遭受机械损伤或散失。临时性的防护措施应不影响安装操作的效果和永久性防锈措施的实施。

思考题

1. 预埋件的种类有哪些？如何进行材料检验？
2. 连接材料的种类有哪些？如何进行材料检验？
3. 如何进行混凝土配合比设计？

第4章　预制混凝土构件制作

4.1　生产准备

4.1.1　图纸准备

4.1.1.1　图纸设计

预制混凝土构件的生产图纸是在原装配式建筑设计基础上进行的二次工厂生产设计，形成每个预制混凝土构件的生产详图，其是预制混凝土构件生产、装配施工之前不可割舍的一个环节。以下简称工厂生产设计。

工厂生产设计是将目前不甚完整的装配式建筑设计，进行更深层次的分解、细化，具体到每一块墙板、叠合板、叠合梁、预制柱等预制混凝土构件生产与安装的施工图纸。具体来说，工厂生产设计的图纸要绘制出总的构件平面布置图、各个预制混凝土构件的设计制作图，以达到指导预制混凝土构件生产和现场装配施工的目的和要求。

在进行工厂生产设计时，应依据设计单位提供的经设计审核通过的整套施工图纸，结合现行的国家设计标准、图集及相关规范、规程的要求，由专业的结构设计人员对原施工图纸进行二次工厂生产设计。

为了方便后期的生产与施工，形成三维建筑模型，将 BIM 技术融入装配式建筑深化设计中，可利用 Revit 等软件来进行结构建模，将建好的单个模型组装成一层或整栋装配式建筑，再嵌入已经建好的整楼层的水、电、气等诸多管线盒、预留预埋件的模型。然后，将这些管线和预留预埋件投影到每个预制混凝土构件面上的合理深度位置，碰撞检查调整修改后，形成一张张完整的预制混凝土构件设计制作图，如图 4.1、图 4.2 所示。

有了工厂生产设计图纸后，预制混凝土构件工厂就可以按照构件设计图纸进行模具加工、生产排产、材料与工程量计算及预制混凝土构件的生产，统筹安排预制混凝土构件的生产计划。

因此，工厂生产设计是装配式建筑开工前的一项关键工作，是装配式建筑设计、生产与施工之间的关系纽带。预制混凝土构件设计图纸应包含以下内容：

(1)单个预制混凝土构件模板图、配筋图；

(2)预埋吊件及其连接件构造图；

(3)保温、密封盒饰面等细部构造图；

(4)系统构件拼装图；

(5)全装修、机电设备综合图。

但应注意：预制混凝土构件的设计图纸应将预制混凝土构件的全部信息都集中展示到该设计图纸中，预制混凝土构件工厂在收到该设计图纸后，应仔细检查；如有设计问题或出现生产无法实现的情况应及时向设计部门提出，待与设计部门沟通协商后，方可投入生产。设计图纸需要变更时，应由设计单位签发设计变更。生产单位在收到设计变更后，可按变更后的图纸要求进行预制混凝土构件生产。

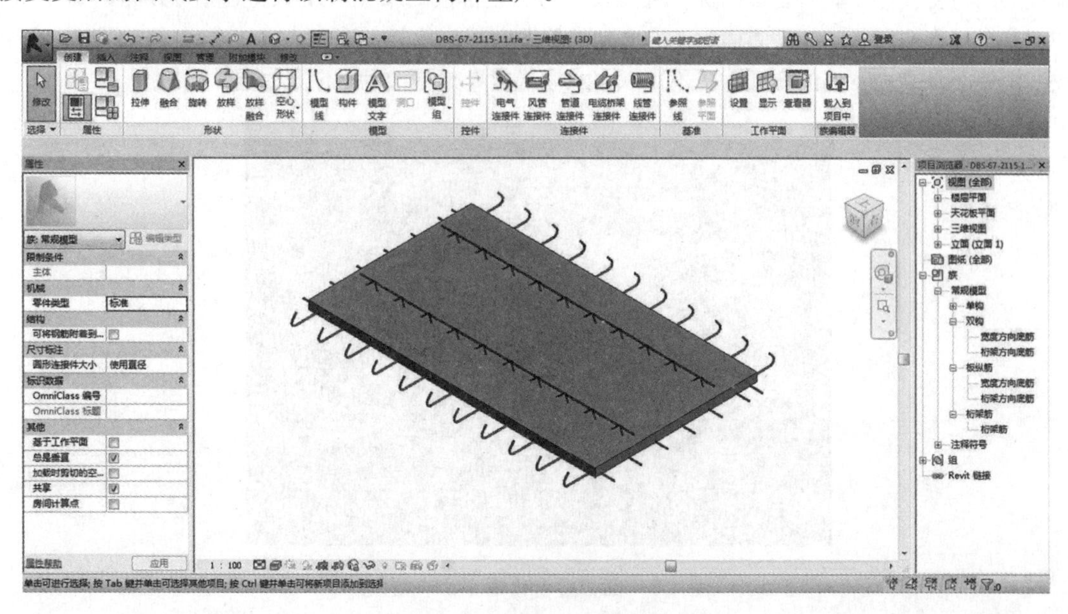

图 4.1　单个模型建模

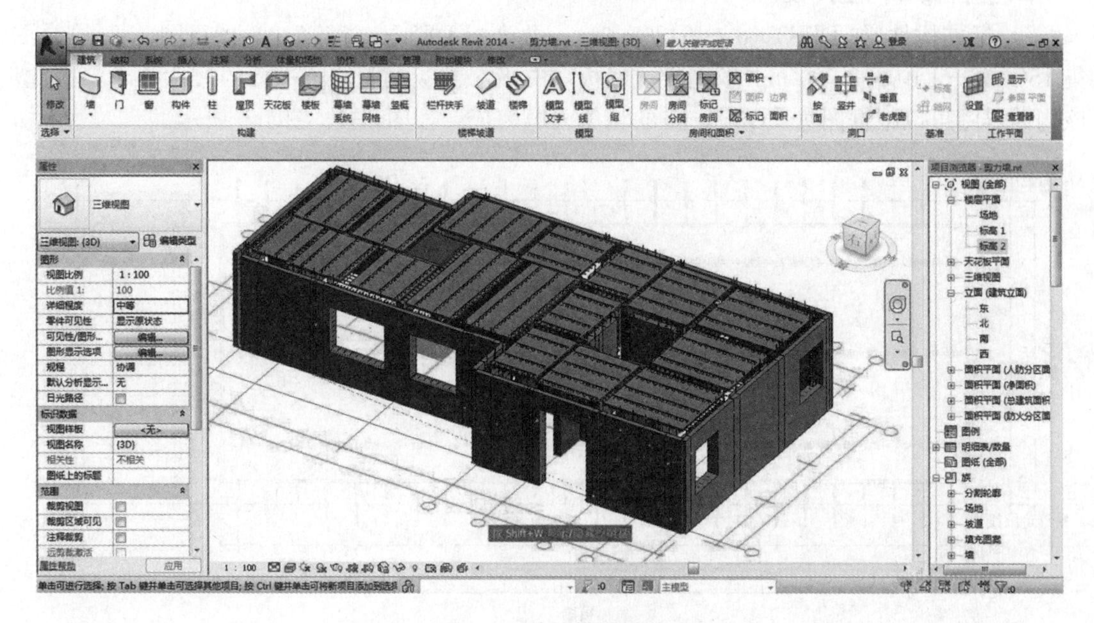

图 4.2　单层模型拼装

实例：下面以叠合板工厂生产设计为例讲述预制混凝土构件厂的图纸深化。

1. 预制混凝土构件平面布置图的识读

设计院会给预制混凝土构件生产单位提供预制混凝土构件的平面布置图，图 4.3 所示为部分叠合板的平面布置图。预制混凝土构件工厂的设计员可以结合结构的实际受力对叠合板的平面布置进行优化，优化的目的主要是减少叠合板的种类，从而提高模具加工、钢筋下料的效率以及提高模具的重复使用率。叠合板的优化主要改变的是叠合板的尺寸，并不改变受力方向，如图 4.3 中的叠合板为双向板，桁架方向为左右方向，修改时可以沿板的宽度方向进行尺寸的调整，而不改变桁架筋及受力钢筋的方向，更不可以将双向板简单地更改为单向板。

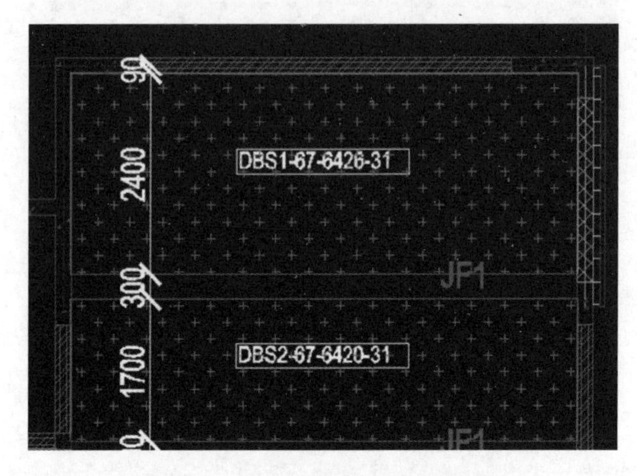

图 4.3 部分叠合板的平面布置图

2. 叠合板工厂生产设计

(1)标准构件(如 DBS2－67－6420－31)。叠合板 DBS2－67－6420－31(图 4.3)符合图集 15G366－1 中宽 2 000 mm 双向板，底板，中板，模板及配筋图中板的尺寸要求，因此，该构件详图可以根据图集15G366－1 的相关内容完成，如图 4.4、图 4.5 所示。

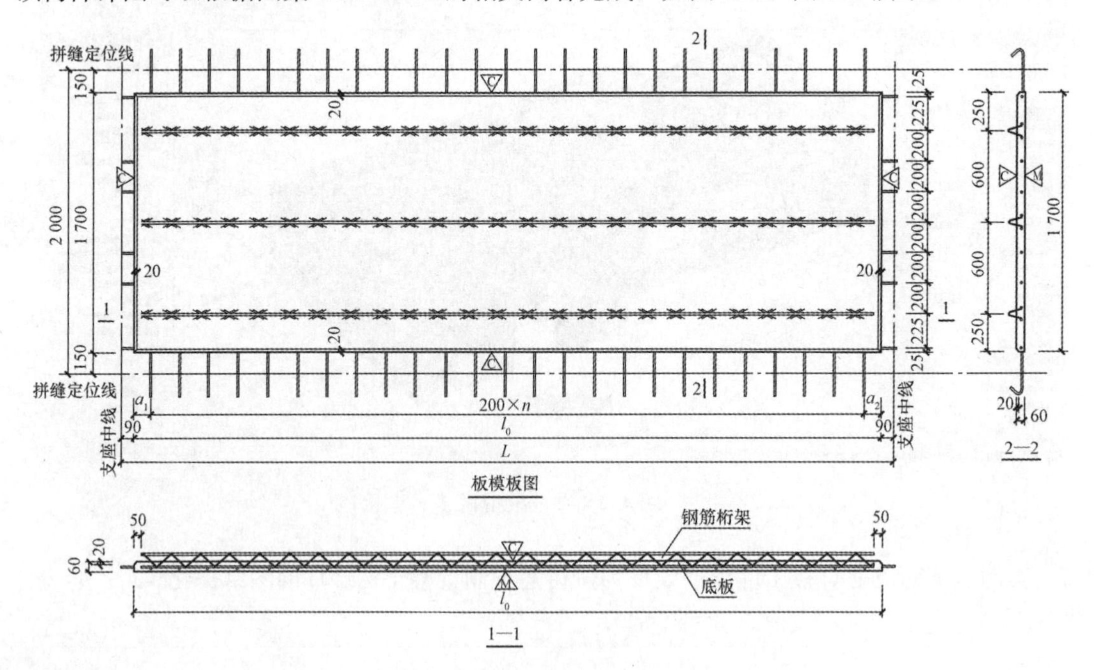

图 4.4 板模板图

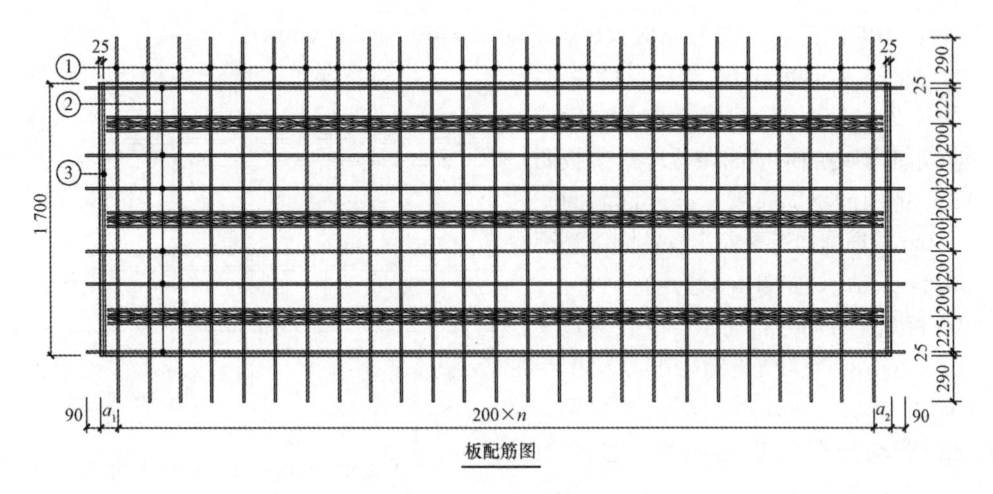

图 4.5　板配筋图

(2)非标准构件(DBS1－67－6426－31)。

①底板尺寸。叠合板 DBS1－67－6426－31 的板底部宽度为 2 400 mm(图 4.3)，长度为标志长度 6 400－2×90＝6 220(mm)(90 为板端伸出钢筋长度)，《装配式混凝土结构技术规程》(JGJ 1—2014)中规定：在板端支座处，预制板内的纵向受力钢筋宜从板端伸出并锚固支承梁或墙的后浇混凝土中，锚固长度不应小于 $5d$(d 为纵向受力钢筋直径)，且宜伸过支座中心线。此处，板的外伸长度为 90 mm，大于 $5d$。因此，锚固长度满足规范要求。

②桁架钢筋。根据《装配式混凝土结构技术规程》(JGJ 1—2014)中规定：桁架钢筋距板边不应大于 300 mm，间距不宜大于 600 mm。

如图 4.6 所示，桁架筋距边缘为 300 mm，桁架间的距离为 600 mm，共 4 个桁架筋，宽度为 300＋(4－1)×600＋300＝2 400(mm)。

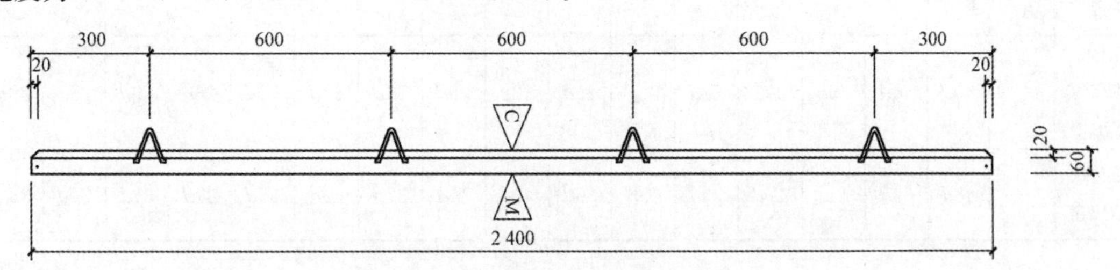

图 4.6　桁架筋间距图

桁架筋端部距离底板边缘为 50 mm，如图 4.7 所示。

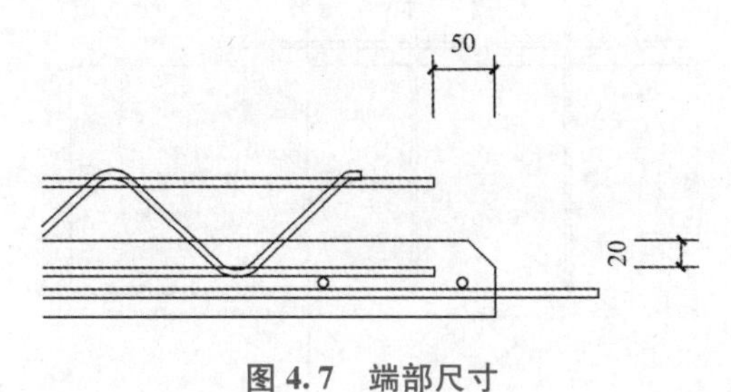

图 4.7　端部尺寸

因此，桁架筋的总长度为底板长度 6 220－2×50＝6 120(mm)。

③底板跨长方向受力筋。根据设计要求，钢筋间距为 200 mm，以桁架筋为参照，完成桁架筋间距范围内的钢筋的布置。对于板两端 300 mm 范围的钢筋布置，靠近钢筋的间距为 200 mm，根据构造要求，最外侧钢筋距边缘距离为 25 mm，如图 4.8 所示。

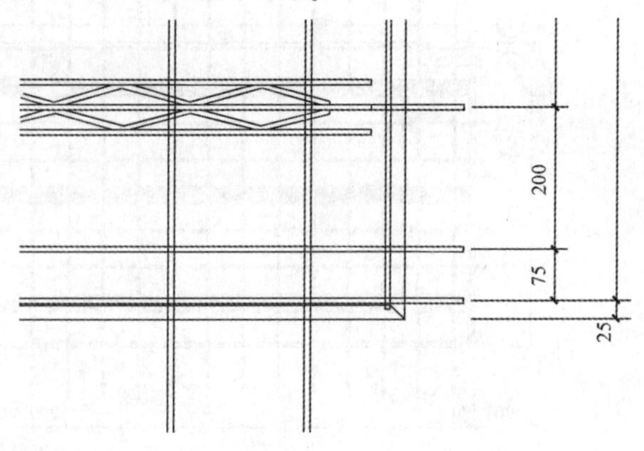

图 4.8　底板跨长方向受力筋图

④底板宽度方向分布筋。由于底板宽度为 6 220 mm，钢筋间距 200 × 30 ＝ 6 000(mm)，6 220－6 000＝220(mm)，将 220(mm)平均分配到板的两端，各端为 110 mm，端头加固距边缘为 25 mm。由平面布置图可知拼缝宽度为 300 mm，根据《装配式混凝土结构技术规程》(JGJ 1—2014)中规定：当后浇带两侧板底纵向受力钢筋在后浇带中弯折锚固时，接缝处预制板侧伸出的纵向受力钢筋应在后浇混凝土叠合层内锚固，且锚固长度不应小于 l_a（表 4.1）。因此，分布钢筋的直径为 8 mm，查表得 $35d＝35\times8＝280$(mm)，取 290 mm。

表 4.1　受拉钢筋锚固长度 l_a

钢筋种类	混凝土强度等级															
	C20	C25		C30		C35		C40		C45		C50		C55		≥C60	
	$d\leqslant25$	$d\leqslant25$	$d>25$	$d\leqslant25$	$d>25$	$d\leqslant25$	$d>25$	$d\leqslant25$	$d>25$	$d\leqslant25$	$d>25$	$d\leqslant25$	$d>25$	$d\leqslant25$	$d>25$	$d\leqslant25$	$d>25$
HPB300	$39d$	$34d$	—	$30d$	—	$28d$	—	$25d$	—	$24d$	—	$23d$	—	$22d$	—	$21d$	—
HRB335、HRBF335	$38d$	$33d$	—	$29d$	—	$27d$	—	$25d$	—	$23d$	—	$22d$		$21d$	—	$21d$	—
HRB400、HRBF400 RRB400	—	$40d$	$44d$	$35d$	$39d$	$32d$	$35d$	$29d$	$32d$	$28d$	$31d$	$27d$	$30d$	$26d$	$29d$	$25d$	$28d$
HRB500、HRBF500	—	$48d$	$53d$	$43d$	$47d$	$39d$	$43d$	$36d$	$40d$	$34d$	$37d$	$32d$	$35d$	$31d$	$34d$	$30d$	$33d$

分布钢筋外伸尺寸如图 4.9 所示。

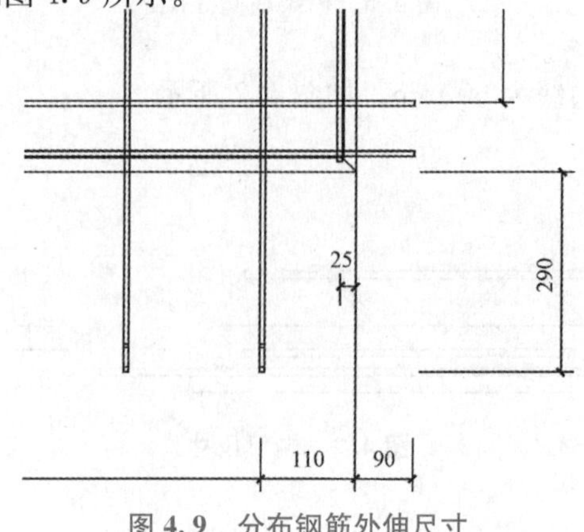

图 4.9　分布钢筋外伸尺寸

⑤构件生产详图。完成叠合板上述各部分的深化设计，即可形成叠合板的构件详图，如图 4.10、图 4.11 所示。

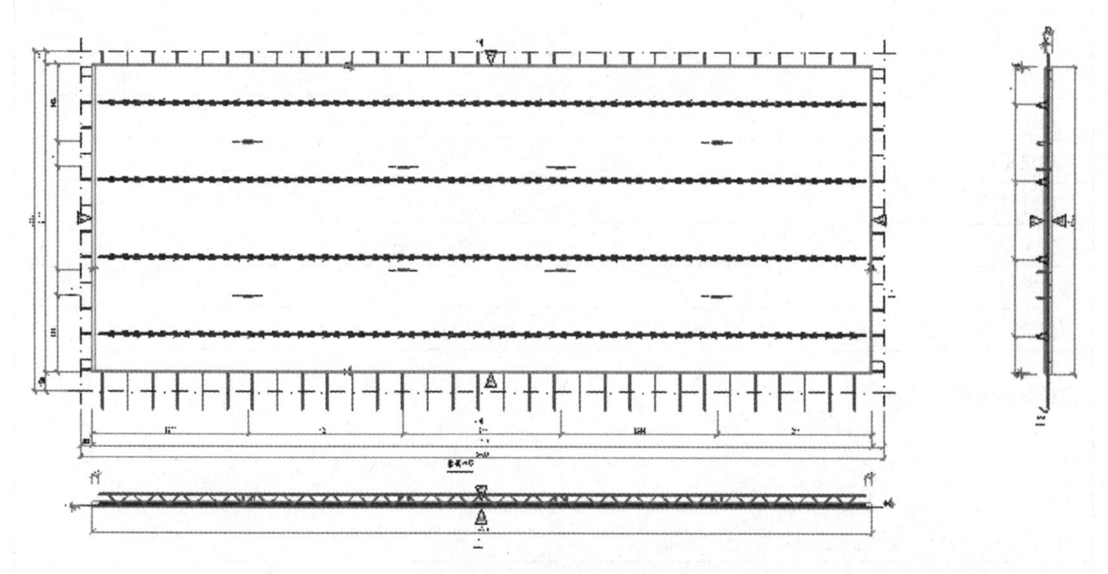

图 4.10　叠合板构件加工图

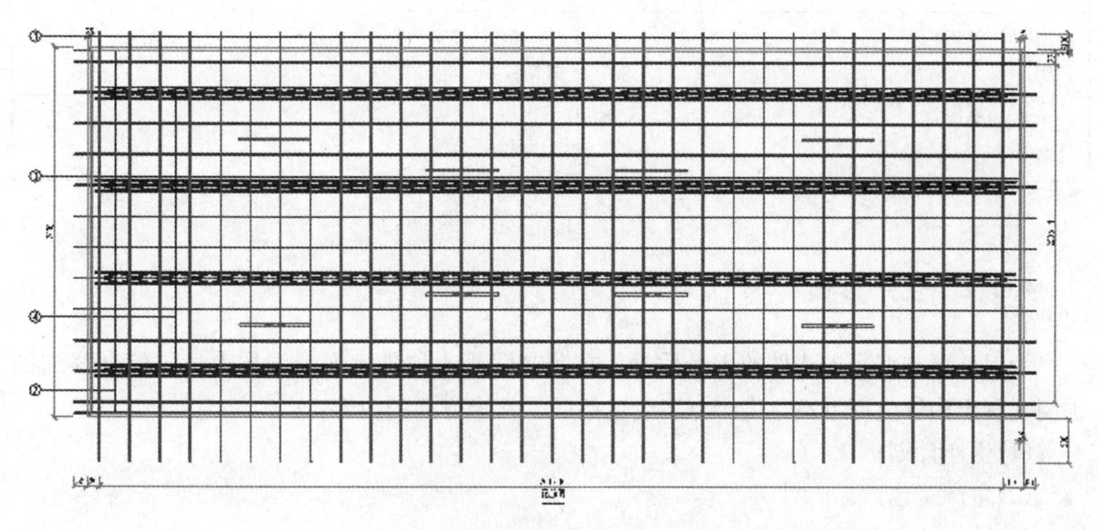

图 4.11　叠合板构件配筋加工图

4.1.1.2　设计交底

在预制混凝土构件生产前，应由建设单位组织，设计单位、预制混凝土构件生产单位、监理单位和施工单位一起，对设计图纸进行交底，并详细记录设计交底的具体内容。设计交底的内容应包括：

(1)讲解图纸的设计要求及质量控制点，并进行现场答疑；

(2)提出预制混凝土构件生产时质量检验的程序和内容；

(3)列出详细的质量检验点。

设计交底记录见表 4.2。

表 4.2　设计交底记录

工程名称			
组织交底单位			
日期		地点	
参加交底单位及人员：			
建设单位：			
设计单位：			
施工单位：			
生产单位：			
监理单位：			
设计交底内容：			
建设单位(签字)： 日期：		设计单位(签字) 日期：	
施工单位(签字)： 日期：		生产单位(签字) 日期：	
监理单位(签字)： 日期：			

4.1.2　生产方案

为保证预制混凝土构件的生产质量，在预制混凝土构件生产前，技术员应编制详细的预制混凝土构件生产方案，生产方案应包括以下几个方面的内容：

(1)生产计划；

(2)生产工艺；

(3)模具计划及组装方案；

(4)技术质量控制措施；

(5)物流管理计划；

(6)成品保护措施。

4.1.2.1　生产计划

预制混凝土构件的生产计划应结合施工现场的施工计划进行编制，确保生产计划提前于施工计划，避免因预制混凝土构件未如期生产而造成施工工期的延误。

生产计划的编制应包括以下几个方面的内容：

(1)根据施工计划编制详细的生产总计划，生产总计划应当包含年度计划、月计划、周计划、天计划，要求进度计划落实到天、落实到件、落实到模具、落实到工序、落实到人员；

(2)编制模具计划，组织模具设计与制作，对生产完的模具进行检查验收，确认质量合格后，方可投入生产；

(3)编制材料计划，合理选用和组织原材料的入库和出库，并对进厂的原材料进行质量检验；

(4)编制劳动力计划，合理安排各个生产环节的劳动力；

(5)编制设备使用计划，对设备进行安全巡检与维修、保养；

(6)编制安全生产计划，确保生产安全。

4.1.2.2 生产工艺

预制混凝土构件生产的通用工艺流程包括模台清理—模具组装—钢筋及网片安装—预埋件及水电管线等预留预埋—隐蔽工程验收—混凝土浇筑—养护—脱模、起吊—成品验收—入库。

对于不同类型的预制混凝土构件，根据预制混凝土构件的类型和特点的不同，可对生产工艺进行调整，但应注意：在上一道工序生产完成并检验合格后，方可进行下一道工序的生产，上一道工序未经检验合格，不得进入下一道工序的生产。

4.1.2.3 模具计划及组装方案

模具应满足承载力、刚度和整体稳定性的要求，常采用移动式或固定式的钢底模，侧模宜采用型钢或铝合金型材，也可根据具体要求采用其他材料。

对于预制混凝土构件生产中的模具应满足以下几个方面的要求：

(1)应满足预制混凝土构件质量、生产工艺、模具组装与拆卸、周转次数等要求；

(2)应满足预制混凝土构件预留孔洞、插筋、预埋件的安装定位要求；

(3)预应力构件的模具应根据设计要求预设反拱；

(4)组装要稳定牢固，组装完成后，应对照设计图纸进行检查验收，确保准确后方可投入生产。

4.1.2.4 技术质量控制措施

预制混凝土构件在生产过程中应严格按照国家规范中的相关要求进行生产。其主要内容包括以下几个方面：

(1)在生产过程中应满足混凝土浇筑、振捣、脱模、翻转、养护、起吊时的强度、刚度和稳定性要求，并便于清理和涂刷脱模剂；

(2)预埋管线、预留孔洞、插筋、吊件等，应满足安装和使用功能的要求；

(3)对带饰面砖或饰面板的构件，应绘制排砖图或排板图；对夹芯外墙板，应绘制内外叶墙板的拉结件布置图及保温板排板图。

4.1.2.5 物流管理计划

预制混凝土构件起吊和运输前应检验混凝土强度，满足设计及规范要求后，方可进行脱模、吊装和运输。

预制混凝土构件在运输前应制定详细的运输方案和车辆排布方案，在运输过程中应做好固定措施和成品防护措施，对于超高、超宽、形状特殊的大型预制混凝土构件的运输和存放应制定专门的质量安全保证措施。

在运输过程中，应设置柔性垫片避免预制混凝土构件边角损伤，并覆盖塑料薄膜避免预制混凝土构件外观污染。根据预制混凝土构件的特点采用不同的运输方式，用于放置预制混凝土构件的托架、靠放架、插放架应进行专门的设计，并进行强度、稳定性和刚度验算。

4.1.2.6 成品保护措施

为保证成品的质量，建设单位应委派监理单位对预制混凝土构件生产全过程的质量进行监理。驻厂监理工程师可采取巡视、旁站、平行检验等方式对原材料进厂进行抽样检验、预制混凝土构件生产过程中的各工序进行检验、隐蔽工程质量验收和成品质量验收等关键环节进行监理。

4.2 预制混凝土构件的生产流程

4.2.1 各类预制混凝土构件的生产流程图

4.2.1.1 叠合板的生产流程

叠合板的生产流程如图 4.12 所示，预制混凝土构件工厂现场生产场景如图 4.12～图 4.14 和图 4.16～图 4.23 所示。

图 4.12 清理模台

图 4.13 组装模具

图 4.14 绑扎钢筋

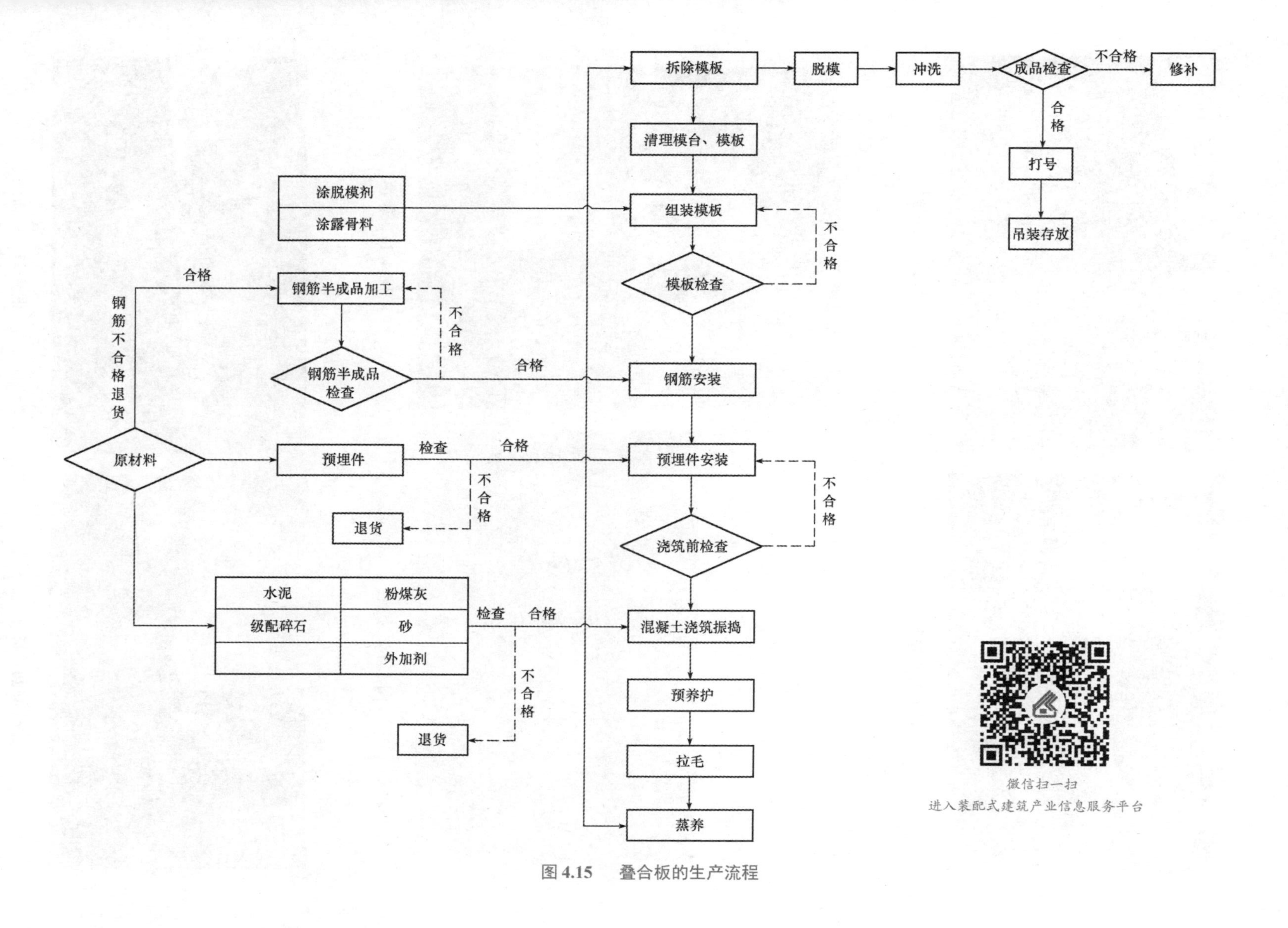

图 4.15　叠合板的生产流程

图 4.16　布料

图 4.17　振捣

图 4.18　拉毛

图 4.19　养护

图 4.20　拆模

图 4.21　冲洗

图 4.22　存放

图 4.23　运输

4.2.1.2　夹芯保温墙板的生产流程

夹芯保温墙板由外叶板、内叶板和保温材料三部分组成，也称为三明治墙板。其具有保温性能好、防火性能强、耐久性好等优势，如图 4.24 所示。

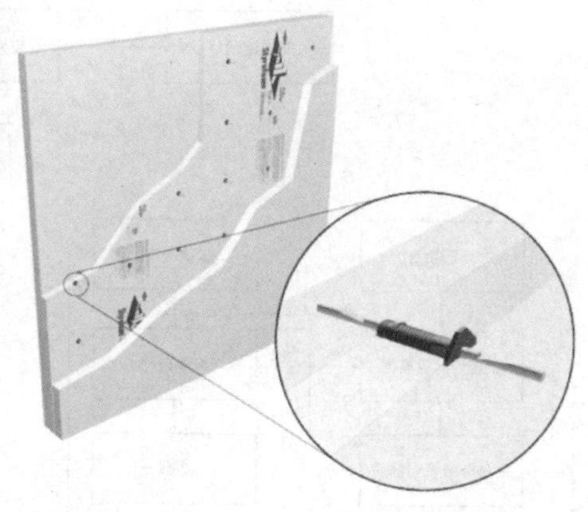

图 4.24　三明治墙板

对于夹芯保温墙板的生产有两种方式：一种是正打工艺；另一种是反打工艺。所谓正打工艺，是指先进行内叶板的浇筑生产，在组装外叶板的模板，安装保温层、拉结件、外叶板钢筋后，浇筑外叶板混凝土；反之为反打工艺。

正打工艺的优点是：浇筑内叶板时，可通过吸附式磁铁工装将各种预留预埋进行固定，方便、快捷、简单、规整。但相对加大了外叶板的抹面收光的工作量，外叶板的抹面收光后的平整度和光洁度会相对较差。其工艺流程如图 4.25 所示。

反打工艺的优点是：外叶板的平整度和光洁度高。其缺点是在浇筑内叶板混凝土时，会对已浇筑的外叶板混凝土和安装的保温层造成很大的压力。造成保温层四周的翘曲。其工艺流程如图 4.26 所示。

预制混凝土构件工厂现场生产场景如图 4.27～图 4.34 所示。

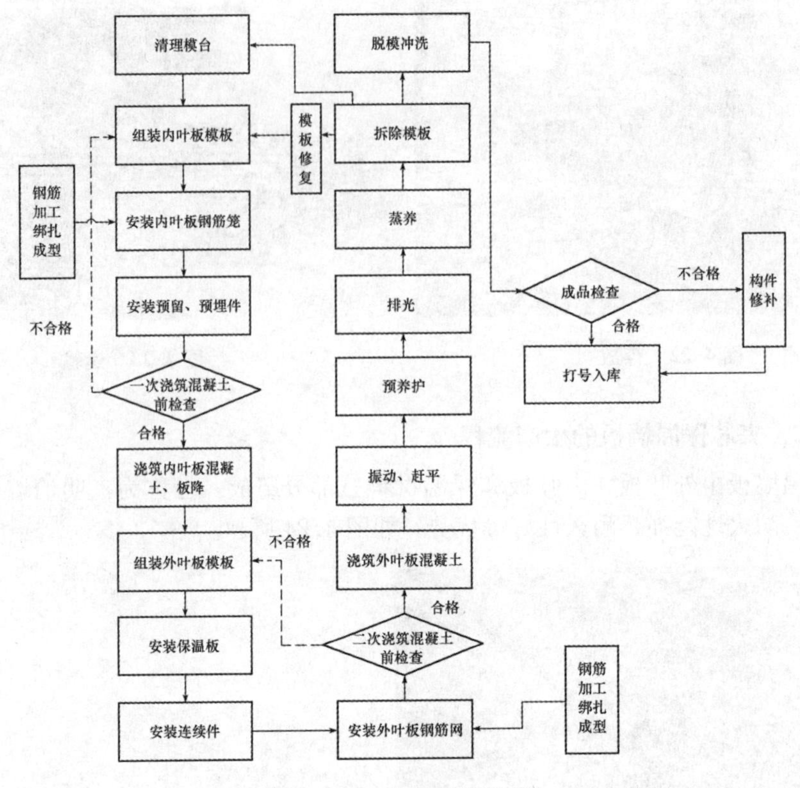

图 4.25　正打工艺流程图

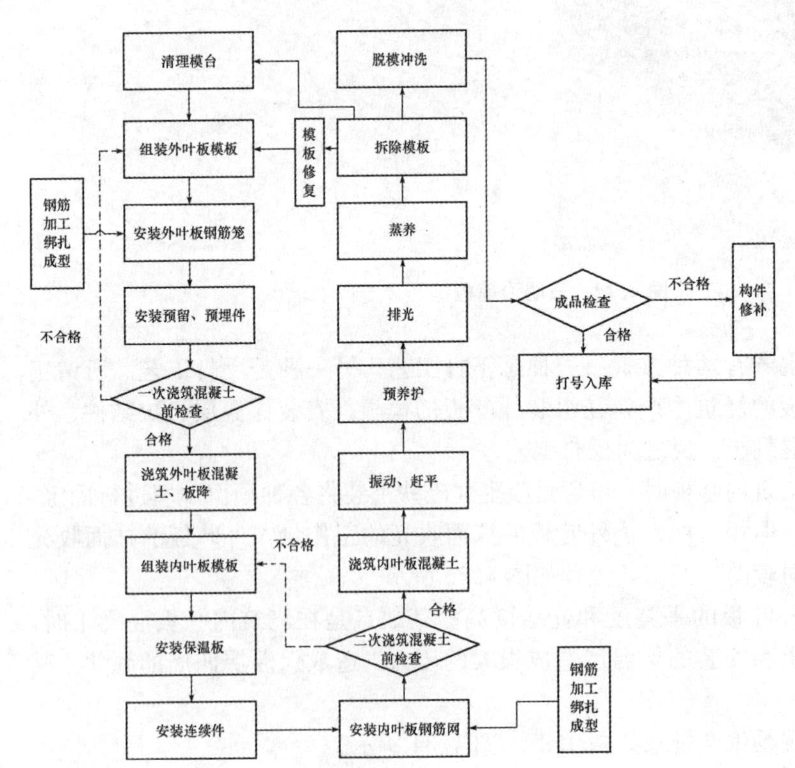

图 4.26　反打工艺流程图

微信扫一扫
进入装配式建筑产业信息服务平台

图 4.27　清理模台

图 4.28　组装模具、刷脱模剂

图 4.29　放置外叶板钢筋

图 4.30　外叶板混凝土浇筑

图 4.31　外叶板混凝土振捣

图 4.32　保温板铺设

图 4.33　内叶板混凝土浇筑

图 4.34 覆膜养护

4.2.1.3 预制楼梯的生产流程

预制楼梯的生产工艺流程为模具清理—钢筋绑扎—预留预埋—隐蔽工程验收—合模浇筑—养护—脱模清理—翻转堆放。预制混凝土构件工厂现场生产场景如图 4.35～图 4.44 所示。

图 4.35 清理楼梯模具

图 4.36 预制楼梯的钢筋笼

图 4.37 放置楼梯钢筋

图 4.38 合模

图 4.39　混凝土浇筑

图 4.40　抹面、压光

图 4.41　楼梯养护

图 4.42　脱模

图 4.43　堆放

图 4.44 楼梯吊点

4.2.2 通用工序概述

预制混凝土构件生产的通用工艺流程：模台清理—模具组装—钢筋及网片安装—预埋件及水电管线等预留预埋—隐蔽工程验收—混凝土浇筑—养护—脱模、起吊—成品验收—入库。现结合预制混凝土构件的生产工艺进行详细工序的介绍。

4.2.2.1 模台、模具清理

待上一预制混凝土构件被脱模起吊或翻转运输完成后，模台通过横移车前行至清扫机工位。清扫机将模台台面上零星的混凝土碎屑、砂浆等杂物自动归纳进废料收集斗，同时滚刷对模台表面的光洁度进行刷洗处理，在清扫过程中产生的粉尘被收集到除尘器内，如图 4.45 所示。

如果模台通过清扫机后的清扫效果不佳，则需要人工手持铲刀或角磨机，进行二次清除和打磨，将模台上粘接的混凝土彻底清理干净，确保模台彻底干净，如图 4.46 所示。

图 4.45 清扫机清理模台

图 4.46 人工清理模台

待上一预制混凝土构件脱模完成后，将预制混凝土构件的边模放置边模传送带上，利用边模清洗机对边模进行清理，确保边模上混凝土残渣清洗干净，清洗干净的边模通过传送带运送至模具存放区，如图 4.47 所示。

图 4.47　边模清扫机

4.2.2.2　模具组装

模台清理、打磨干净后，将模台运行至划线机工位。根据设计图纸的信息，在划线机的操作界面上输入预制混凝土构件的信息，输入完成后，划线机自动在模台的台面上进行单个或多个预制混凝土构件的模具边线、预埋件安装位置的绘制。对于有门窗洞口的墙板，应绘制出门窗洞口的位置线。

划线完成后，开始进行模具的组装。模具组装时应满足以下要求：

(1)模具组装前，应确保模台和模具必须清理干净。

对于脱模剂或者缓凝剂的喷涂需要在模具组装完成后，由专人按要求比例配置脱模剂(或缓凝剂)，涂抹时采用干净的涂抹工具在模台和模具四周涂抹均匀，以利于预制混凝土构件的起吊、翻板和拆模。涂刷时应涂刷均匀、无漏刷、无堆积，严禁涂刷到钢筋上，过多流淌的多余脱模剂(或缓凝剂)、隔离剂，必须用抹布或海绵吸附清理干净，如图 4.48 所示。

(2)模具组装前，模具接触面平整度、板面弯曲、拼装缝隙、几何尺寸等应满足相关设计要求，允许偏差及检验方法应符合表 2.2 的规定。

(3)模具组装时应按照组装顺序进行，稳定牢固，对于特殊的预制混凝土构件，如预制柱、钢筋可先入模后组装模具，如图 4.49 所示。

图 4.48　人工刷脱模剂

图 4.49　模具组装

(4)模具组装时应连接牢固、缝隙严密，组装时应进行表面清洗或涂刷脱模剂，接触面不应有划痕、锈渍和氧化层脱落等现象。在拼接部位应粘贴密封条来防止漏浆。

(5)模具组装完成后模具的尺寸允许偏差及检验方法应满足表 4.3 的规定，净尺寸宜比构件尺寸缩小 1～2 mm。

表 4.3　模具组装尺寸允许偏差及检验方法

测定部位	允许偏差/mm	检验方法
边长	±2	钢尺四边测量
对角线误差	3	用细线测量两根对角线尺寸，取差值
底模平整度	2	对角用细线固定，钢尺测量细线到底模各点距离的差值，取最大值
侧板高差	2	钢尺两边测量取平均值
表面凸凹	2	靠尺和塞尺检查
扭曲	2	对角线用细线固定，钢尺测量中心点高度差值
翘曲	2	四角固定细线，钢尺测量细线到钢模边距离，取最大值
弯曲	2	四角固定细线，钢尺测量细线到钢模顶距离，取最大值
侧向扭曲	$H \leqslant 300$　1.0	侧模两对角用细线固定，钢尺测量中心点高度
	$H > 300$　2.0	侧模两对角用细线固定，钢尺测量中心点高度

(6)在固定模台上组装模具时，模具与模面的连接部位应选用螺栓、定位销或磁力盒；机械手组模时，由组模机械手将边模按照放好的模具边线逐个摆放，并按下磁力盒开关把边模通过磁力与模台连接牢固；磁力盒之间的距离不大于 1.2 m，如图 4.50 所示。

(7)组装完成后的模具应对照设计图纸进行自检，然后由质检员进行复检，确保模具组装的尺寸符合设计要求。

图 4.50　磁盒固定模具

对于夹芯保温墙板的模具需要先组装外叶板的模具，进行外叶板模具的质检、钢筋的绑扎、混凝土的浇筑；然后进行内叶板模具的加固，进行内叶板模具的质检，具体工艺要求如下：

(1)夹芯保温墙板外叶模具安装。模台、模具清理完成后，进行外叶墙板模具的安装。外叶墙板模具组装前应当贴双面胶或者组装后打密封胶，防止浇筑振捣过程中出现漏浆，模具组装必须在同一平面内，严禁出现错台。组装后校对模具尺寸，特别应注意模具对角线之间的尺寸，然后使用磁力盒进行加固。使用磁力盒固定模具时，一定要将磁力盒底部杂物清除干净，且必须将螺丝有效地压到模具上，避免模具松动。

(2)质检(外模)。按照相应规范要求对其进行检查记录，并将检查结果进行详细的记录。

(3)内模加固。将组装好的内叶板模具(可同时绑扎好内叶板钢筋)按照提前测量好的位置放到外叶板上，放置时应确保一次准确，避免来回拖动导致连接件及保温板的挠动，微调至设计尺寸后进行内模加固，保证内模与保温层间连接牢固、无缝隙。

(4)质检(内模)。按照相应规范要求对其进行检查记录，并将检查结果进行详细的记录。

模具组装完成后需要进行质量控制及检验：模具组装检验应由质检员进行模具安装尺寸检查，检查项目包括长度、宽度、对角线长和厚度。检查合格后方可进行下一步工序，不合格则进行修正。

4.2.2.3 装饰面层敷设

对于带装饰面层的预制混凝土构件，可采用面砖或石材作为装饰面的材料，其生产工艺可采用反打一次成型的工艺进行制作，在制作过程中应符合下列要求：

(1)当构件饰面层采用面砖时，在模具中铺设面砖前，应根据排砖图的要求进行配砖和加工；饰面砖应采用背面带有燕尾槽或黏结性能可靠的产品；

(2)当构件饰面层采用石材时，在模具中铺设石材前，应根据排板图的要求进行配板和加工；应按设计要求在石材背面钻孔、安装不锈钢卡钩、涂覆隔离层；

(3)对于具有抗裂性和柔韧性、收缩小且不污染饰面的材料嵌填面砖或石材之间的接缝，应采取防止面砖或石材在安装钢筋、浇筑混凝土等生产过程中发生位移的措施。

4.2.2.4 钢筋及钢筋网片、钢筋骨架安装

1. 进场原材料检验

(1)原材料进厂。钢筋每一批号都要有出厂证明书和试验报告单。使用前，须由试验室取样钢筋试验。检验合格后方可进行钢筋加工，检验不合格进行退货处理。

钢筋取样时，钢筋端部要先截 50 cm，再取试样，每组试样要分别标记，不得混淆。不合格的钢筋严禁使用。

(2)钢筋堆放。钢筋必须按不同等级、牌号、规格及生产厂家分批验收、分别堆存，不得混杂，且应挂牌以便识别。钢筋堆放要按照标识区域堆放整齐。

2. 钢筋网片和钢筋桁架制作

钢筋配料根据构件配筋图，先给出各种形状和规格的单根钢筋图并加以编号，然后分别计算钢筋下料长度和根数，填写配料单，申请加工。

(1)钢筋网片配料制作。应标明横、纵向钢筋型号、长度、间距及横纵向钢筋的相对位置，并绘制钢筋网片 CAD 图，将绘制图导入焊网机控制系统进行加工。

(2)钢筋桁架配料制作。根据钢筋加工图确定桁架钢筋的高度、长度、上下弦钢筋型号、腹杆筋型号，通过桁架长度计算出节点距离，要确保节点距离符合规范要求，并复核桁架机上钢筋型号是否匹配，如不匹配须进行更换。各项检查如无误，方可下料进行桁架钢筋加工。

3. 钢筋安装

模具组装完成后，模台移动至钢筋安装工位，进行钢筋、钢筋网片和钢筋骨架的安装。

钢筋、钢筋网片和钢筋骨架的制作应满足构件设计图纸的要求，宜采用专用钢筋定位件，安装时应满足下列规定：

(1)钢筋、钢筋网片和钢筋骨架入模时应平直、无损伤，表面不得有油污或者锈蚀，且钢筋、钢筋网片及钢筋骨架安装时要注意钢筋尽量不要沾到脱模剂，如图 4.51 所示。

(2)钢筋、钢筋网片和钢筋骨架的尺寸应准确，钢筋网片和钢筋骨架吊装时应采用多吊点的专用吊架，防止骨架产生变形。

(3)钢筋、钢筋网片和钢筋骨架入模后，应设置保护垫块，保护垫块宜采用塑料类垫块(图 4.52)，且应与钢筋、钢筋网片和钢筋骨架绑扎牢固，垫块按梅花状布置，间距满足钢筋限位及控制变形要求，钢筋绑扎丝甩扣应弯向构件内侧。

图 4.51　钢筋绑扎

图 4.52　塑料垫块

(4)钢筋、钢筋网片和钢筋骨架装入模具后，应按照构件设计制作图的要求对钢筋的位置、规格、间距、保护层厚度等进行检验，允许偏差及检验方法应满足表 4.4 的规定。

表 4.4　钢筋成品的允许偏差和检验方法

项目		允许偏差/mm	检验方法
钢筋两片	长、宽	±5	钢尺检查
	两眼尺寸	±10	钢尺量连续三挡，取最大值
	对角线	5	钢尺检查
	端头不齐	5	钢尺检查

续表

项目			允许偏差/mm	检验方法
钢筋骨架	长		0，−5	钢尺检查
	宽		±5	钢尺检查
	高(厚)		±5	钢尺检查
	主筋间距		±10	钢尺量两端，中间各一点，取最大值
	主筋排距		±15	钢尺量两端、中间各一点，取最大值
	箍筋间距		±10	钢尺量连续三挡，取最大值
	弯起点位置		15	钢尺检查
	端头不齐		5	钢尺检查
	保护层	柱、梁	±5	钢尺检查
		板、墙	±3	钢尺检查

(5)对于叠合板中采用钢筋桁架筋，其钢筋桁架筋的尺寸偏差应符合表 4.5 的规定。对于钢筋桁架筋的安装，采用钢卷尺进行钢筋桁架定位，定位完成后采用扎丝将桁架钢筋和钢筋网片绑扎牢固，并在吊点位置安装吊点附加钢筋。

表 4.5　钢筋桁架筋尺寸允许偏差

项次	检验项目	允许偏差/mm
1	长度	总长度的±0.3%，且不超过±10
2	高度	+1，−3
3	宽度	±5
4	扭翘	≤5

(6)混凝土保护层厚度应满足设计要求。叠合板的混凝土保护层厚度不应小于 15 mm，预制梁、预制柱的混凝土保护层厚度不应小于 20 mm，预制墙的混凝土保护层厚度不应小于 15 mm。

4.2.2.5　预埋件及水电管线等预留预埋

钢筋、钢筋网片和钢筋骨架入模完成后，应按构件设计图纸安装钢筋连接用灌浆套筒、预埋件、拉结件、预留孔洞、门窗框等，以满足吊装、施工的安全性、耐久性和稳定性要求，如图 4.53、图 4.54 所示。连接套筒、预埋件、拉结件、预留孔洞的允许偏差及检验方法应符合表 4.6 的规定。由于预制混凝土构件中的预埋件及预留孔洞的形状尺寸和中线定位偏差非常重要，因此构件上的预埋件和预留孔洞宜通过模具进行定位，并安装牢固，生产时应按要求进行逐个检验。

预埋件要固定牢固，防止混凝土浇筑振捣过程中出现松动偏位，在预埋件位置固定后、混凝土浇筑之前，质检员要对预埋件的位置及数量进行专项检查，确保准确无误。

表 4.6　连接套筒、预埋件、拉结件、预留孔洞的允许偏差及检验方法

项目	允许偏差/mm		检验方法
连接套筒	中心线位置	±3	钢尺检查
	安装垂直度	1/40	拉水平线、竖直线测量两端差值，且满足连接套筒施工误差要求
外装饰敷设	图案、分格、色彩、尺寸		与构件设计制作图对照及目视

续表

项目	允许偏差/mm		检验方法
预埋件（插筋、螺栓、吊具等）	中心线位置	±5	钢尺检查
	外露长度	+5~0	钢尺检查，且满足连接套筒施工误差要求
	安装垂直度	1/40	拉水平线、竖直线测量两端差值，且满足施工误差要求
拉结件	中心线位置	±3	钢尺检查
	安装垂直度	1/40	拉水平线、竖直线测量两端差值，且满足连接套筒施工误差要求
预留孔洞	中心线位置	±5	钢尺检查
	尺寸	+8，0	钢尺检查
其他需要先安装的部件	安装状况：种类、数量、位置、固定状况		与构件设计制作图对照及目视

图 4.53　套筒预埋

图 4.54　预留孔洞

对于有门窗框的墙板，门窗框应在浇筑混凝土前预先安装于模具中，窗框的位置、预埋深度应符合下列设计要求：

(1)应根据门窗位置及门窗台的尺寸设计上下模具；

(2)安装时先将下窗模固定于底模上，按开启方向将门窗安装于下窗模上，然后安装上窗模并固定，最后按要求安装锚固件；

(3)上下模具与门窗之间宜设置橡胶等柔性密封材料。

门窗框在预制混凝土构件制作、运输、堆放、安装过程中，应进行包裹或遮挡，避免污染、划伤和损坏门窗框。

门窗框安装位置应逐件检验，允许偏差应符合表 2.4 的规定。

对于预制楼梯预埋件的安装应满足以下要求：采用立模工艺生产预制楼梯，5 个面为模具面，靠墙面设 2 个吊环，用于构件脱模。预埋件的螺钉必须上紧，防止混凝土振捣时螺钉松脱，并且预埋件应以“井”字形钢筋固定在钢筋骨架上。

4.2.2.6　隐蔽工程验收

混凝土浇筑前，应逐项对模具、钢筋、钢筋连接用灌浆套筒、拉结件、预埋件、预留孔洞、混凝土保护层厚度等进行检查和验收。隐蔽工程检查项目应包括以下几项：

(1)钢筋的牌号、规格、数量、位置和间距等；

(2)纵向受力钢筋的连接方式、接头位置、接头质量、接头面积百分率、搭接长度、锚固方式及锚固长度；

(3)箍筋、横向钢筋的牌号、规格、数量、位置、间距，箍筋弯钩的弯折角度及平直段长度；

(4)预埋件、吊环、插筋的规格、数量、位置等；

(5)钢筋连接用灌浆套筒、预留孔洞的规格尺寸、数量、位置等；

(6)钢筋的混凝土保护层厚度；

(7)夹芯外墙板的保温层位置和厚度，拉结件的规格、数量和位置等；

(8)预埋线盒、管线的规格、数量、位置及固定措施。

隐蔽工程的检查除书面检查记录外应当有照片记录，拍照时应详细记录该构件的使用项目名称、检查项目、检查时间、生产单位等。关键部位应当多角度拍照，照片要清晰。

隐蔽工程检查记录表应在检查现场填写完整，并签字存档。存档时按照时间、项目进行分类存放，照片、视频等影像类资料可刻盘或电子存档。

模具对角线测量、钢筋间距检测如图 4.55、图 4.56 所示。

图 4.55　模具对角线测量

图 4.56　钢筋间距检测

4.2.2.7　混凝土浇筑

1. 混凝土的搅拌

(1)混凝土的搅拌制度。为了获得质量优良的混凝土拌合物，除选择适合的搅拌机外，还必须制定合理的搅拌制度，包括搅拌时间、投料顺序和进料容量等。

①搅拌时间。在生产中应根据混凝土拌合料要求的均匀性、混凝土强度增长的效果及生产效率等因素，规定合适的搅拌时间。搅拌时间过短，混凝土拌合不均匀，强度和易性下降；搅拌时间过长，不但降低生产效率，而且还会造成混凝土工作性能损失严重，导致振捣难度加大，影响混凝土的密实度。

②投料顺序。投料顺序应从提高搅拌质量，减少叶片和衬板的磨损，减少拌合物与搅拌筒的黏结，减少水泥飞扬和改善工作环境等方面综合考虑确定。通常的投料顺序为：石子、水泥、粉煤灰、矿粉、砂、水和外加剂。

③进料容量。进料容量是将搅拌前各种材料的体积积累起来的容量，又称干料容量。进料容量为出料容量的 1.4～1.8 倍(一般取 1.5 倍)，如任意超载(进料容量超过 10%)，就会使材料在搅拌筒内无充分的空间进行拌合，影响混凝土拌合物的均匀性。反之，如装料

过少，则又不能充分发挥搅拌机的效能，甚至出现搅拌不到位导致粉料粘壁严重和结团现象。

(2)混凝土搅拌的操作要点。

①搅拌混凝土前，应往搅拌机内加水空转数分钟，再将积水排净，使搅拌筒充分润湿。

②拌好后的混凝土要做到基本卸空。在全部混凝土卸出之前不得再投入拌合料，更不得采取边出料边进料的方法。

③严格控制水胶比和坍落度，未经试验人员同意不得随意加减用水量。

④在每次用搅拌机拌合第一罐混凝土前，应先开动搅拌机空车运转，运转正常后，再加料搅拌。拌第一罐混凝土时，宜按配合比多加入质量分数为10%的水泥、水、细骨料的用料；或减少10%的粗骨料用量，使富余的砂浆布满鼓筒内壁及搅拌叶片，防止第一罐混凝土拌合物中的砂浆偏少。

⑤在每次用搅拌机开始搅拌时，应注意观察、检测开拌的前二、三罐混凝土拌合物的和易性。如不符合要求，应立即分析原因并处理，直至拌合物的和易性符合要求，方可持续生产。

⑥当按新的配合比进行拌制或原材料有变化时，应注意开盘鉴定与检测工作。

⑦应注意核对外加剂筒仓及对应的外加剂品名、生产厂名、牌号等。

⑧雨期施工期间，要检测粗、细骨料的含水量，随时调整用水量和粗、细骨料的用量。夏季施工时，砂石材料尽可能加以遮盖，避免使用前受烈日暴晒，必要时可采用冷水淋洒，使其蒸发散热。冬期施工要防止砂石材料表面冻结，并应清除冰块。

(3)混凝土搅拌的质量要求。拌制的混凝土拌合物的均匀性按要求进行检查。在检查混凝土均匀性时，应在搅拌机卸料过程中，从卸料流出的1/4～3/4部位采取试样。检测结果应符合下列规定：

①混凝土中砂浆密度，两次测值的相对误差不应大于0.8%。

②单位体积混凝土中粗骨料含量，两次测量的相对误差不应大于5%。

③混凝土搅拌时间应符合设计要求。混凝土的搅拌时间，每一工作班至少应抽查2次。

④坍落度检测，通常用坍落度筒法检测，适用于粗骨料粒径不大于40 mm的混凝土。坍落度筒为薄金属板制成，上口直径为100 mm，下口直径为200 mm，高度为300 mm。底板为放于水平的工作台上的不吸水的金属平板。在检测坍落度时，还应观察混凝土拌合物的黏聚性和保水性，全面评定拌合物的和易性。

⑤其他性能指标如含气量、容重、氯离子含量、混凝土内部温度等也应符合现行相关标准要求。

2. 混凝土运输

通常情况下预制混凝土构件混凝土用量较少，运输距离短，主要采用以下三种方式运输。

(1)普通运输车。运输效率可能无法满足生产所需，而且运输过程中的颠簸容易造成混凝土的分层甚至离析。

(2)混凝土罐车。单次运输量远高于前者，而且自带搅拌功能，可有效保证混凝土的匀质性，对于改善预制混凝土构件的质量和提高生产效率均有所帮助。

(3)鱼雷罐运输系统。车载运输混凝土的最大缺点是混凝土生产地点与浇筑地点的短驳导致生产效率的降低和拌合物质量损失，无法满足自动化生产线的需求。鱼雷罐运输系统可以实现搅拌站和生产线的无缝结合，输送效率大大提高，输料罐自带称量系统，可以精确控制浇筑量并随时了解罐体内剩余的混凝土数量，从而有效提高构件的浇筑质量。如图 4.57 所示。

图 4.57　自动化生产线混凝土输料系统

混凝土自搅拌机中卸出后，应根据预制混凝土构件的特点、混凝土用量、运输距离和气候条件，以及现有设备情况等进行考虑，应满足以下要求：

(1)要及时将拌好的料用运输车辆运到浇捣地点，并确保浇捣混凝土的供应要求。

(2)混凝土的运输工具要求不吸水、不漏浆、内壁平整光洁，且在运输中的全部时间不应超过混凝土的初凝时间。

(3)运输混凝土时，应保持车速均匀，从而保证混凝土的均一性，防止各种材料分离。

(4)运输过程中，要根据各种配合比、搅拌温度和外界温度等，将其控制在不影响混凝土质量的范围之内。在风雨或暴热天气运送混凝土，容器上应加遮盖，以防进水或水分蒸发。冬季施工应加以保温。夏季最高气温超过 40 ℃时，应有隔热措施。

3. 混凝土浇筑

预制混凝土构件的混凝土浇筑方式一般包括：手工浇筑、人工料斗浇筑和流水线自动布料机浇筑。混凝土拌合料未入模板前是松散体，粗骨料质量较大，在布料时容易向前抛离，引起离析，将导致混凝土外表面出现蜂窝、露筋等缺陷；内部出现内、外分层现象，造成混凝土强度降低，产生质量隐患。

混凝土浇筑时应符合下列规定：

(1)混凝土应均匀连续浇筑，投料高度不宜大于 500 mm；

(2)混凝土浇筑时应保证模具、门窗框、预埋件、拉结件不发生变形或者移位，如有偏差应采取措施及时纠正；

(3)混凝土从拌合到浇筑完成间歇不宜超过 40 min；

(4)混凝土应振捣密实。

混凝土浇筑实景如图 4.58 所示。

图 4.58　混凝土浇筑

4. 混凝土振捣

混凝土拌合物布料之后，通常不能全部流平，内部有空气，不密实。混凝土的强度、抗冻性、抗渗性、耐久性等都与密实度有关。振捣是在混凝土初凝阶段，使用各种方法和工具进行振捣，并在其初凝前捣实完毕，使之内部密实，外部按模板形状充满模板，达到饱满密实的要求。

当前混凝土拌合物密实成形的途径主要是借助于机械外力(如机械振动)来克服拌合物的剪应力而使之液化。其原理是利用偏心轴或偏心块的高速旋转，使振动器因离心力的作用而振动，水泥浆的凝胶结构受到破坏，从而降低了水泥浆的黏结力和骨料之间的摩擦力，使之能很好地填满模板内部，并获得较高的密实度。

机械振动主要包括：内部振动器(振动棒)、外部振动器(附着式)、表面振动器(平面振动器)和平台振动器(振动台)四种振动器。

叠合板的浇筑混凝土常采用振动台进行振捣、预制墙板和楼梯常采用手持式振动棒进行振捣。操作人员严格按照先弱后强的顺序进行振捣并随时观察预制混凝土构件内混凝土的情况，当混凝土表面不再冒出气泡并呈现出平坦、泛浆时停止振动，切不可长时间振动以避免混凝土离析。

混凝土振捣过程中应随时检查模具有无漏浆、变形或预埋件有无位移等现象，混凝土振捣完成后，把高出的混凝土铲平，并将料斗、模具外表面、外露钢筋、模台及地面清理干净。

混凝土振捣时应符合下列规定：

(1)混凝土宜采用机械振捣方式成型。振捣设备应根据混凝土的品种、工作性、预制混凝土构件的规格和形状等因素确定，应制定振捣成型操作规程。

(2)当采用振捣棒时，混凝土振捣过程中不应碰触钢筋骨架、面砖和预埋件。

(3)混凝土振捣过程中应随时检查模具有无漏浆、变形或预埋件有无移位等现象。

混凝土振捣实景如图 4.59 所示。

图 4.59　混凝土振捣

5. 浇筑表面处理

根据预制混凝土构件的类型及特点的不同，常用的预制混凝土构件的表面处理方式有压光面、粗糙面、键槽和抹角四种。

(1)压光面。混凝土浇筑振捣完成后在混凝土终凝前，应当先采用木质抹子对混凝土表面砂光、砂平，然后用铁抹子压光直至压光表面。

(2)粗糙面。需要粗糙面的可采用拉毛工具拉毛，或者使用化学处理方法(如露骨料剂喷涂)等方式来完成粗糙面。

(3)键槽。需要在浇筑面预留键槽的，应在混凝土浇筑后用内模或工具压制成型。

(4)抹角。浇筑面边角做成 45°抹角，如叠合板上部边角，或用内模成型，或由人工抹成。

预制混凝土构件混凝土浇筑表面的处理方式如图 4.60、图 4.61 所示。

图 4.60　抹平

图 4.61 拉毛

4.2.2.8 养护

养护是保证混凝土质量的重要环节，对混凝土的强度、抗冻性、耐久性都有很大的影响。混凝土构件可采用蒸汽养护、覆膜保湿养护、太阳能养护和自然养护等方法，预制混凝土构件工厂中常用的养护方法是蒸汽养护。

预制混凝土构件蒸汽养护应严格控制升降温速率及最高温度，养护过程中应满足下列规定：

(1)预养护时间宜为 1～3 h，并采用薄膜覆盖或加湿等措施防止构件干燥；

(2)制定养护制度对静停、升温、恒温和降温时间进行控制，宜在常温下静停 2～6 h，升温速率应为 10～20 ℃/h，降温速率不宜大于 10 ℃/h；避免因升温、降温速度太快造成预制混凝土构件混凝土的开裂；

(3)梁、柱等较厚预制混凝土构件养护最高温度为 40 ℃，楼板、墙板等较薄预制混凝土构件养护最高温度为 60 ℃，持续养护时间应不小于 4 h；

(4)预制混凝土构件脱模后，当混凝土表面温度和环境温差较大时，应立即覆膜养护；

(5)预制混凝土构件蒸汽养护后，养护罩内外温差小于 20 ℃时，方可拆除养护罩进行自然养护。

养护窑实景如图 4.62 所示，图 4.63 所示为预制混凝土构件养护完成后出养护窑的过程。

图 4.62 养护窑

图 4.63 出养护窑

应注意的是养护后必须保证回弹仪检测混凝土抗压强度应不小于混凝土设计强度的 75%，方可达到脱模要求。

4.2.2.9 脱模、起吊

1. 脱模

预制混凝土构件脱模应严格按照顺序拆除模具，不得使用振动方式进行拆模，保证预制混凝土构件在拆模过程中不被损坏。在拆模过程中不可暴力拆模，致使模具严重变形、翘曲。

预制混凝土构件与模具之间的连接部分完全拆除后方可进行脱模、起吊，构件起吊应平稳；楼板应采用专用多点吊具进行起吊，复杂构件应采用专门的吊具进行起吊。对于吊点的位置，必须由结构设计师经过设计计算确定，由其给出位置和结构构造设计。

预制混凝土构件脱模起吊时，混凝土强度应满足设计要求，当无设计要求时应符合下列规定：

(1)预制混凝土构件脱模时混凝土强度应不小于 15 MPa，脱模后需要移动的预制混凝土构件和预应力混凝土构件，混凝土抗压强度应不小于混凝土设计强度的 75%。

(2)外墙板、楼板等较薄预制混凝土构件起吊时，混凝土强度应不小于 20 MPa；梁、柱等较厚预制混凝土构件起吊时，混凝土强度应不小于 30 MPa。

2. 翻转

在墙板生产时，设置翻转台进行自动翻转作业，翻转后进入吊装阶段。

3. 水洗粗糙面

模具拆完后应进行粗糙面的处理，采用高压水枪将预制混凝土构件侧面进行冲刷，将表面浮浆冲刷干净并露出骨料，如图 4.64 所示。

图 4.64　水洗粗糙面

4. 吊运

预制混凝土构件的吊运应符合下列规定：

(1)根据预制混凝土构件的形状、尺寸、质量和作业半径等要求选择吊具和起重设备；所采用的吊具和起重设备及其操作，应符合现行国家有关标准及产品应用技术手册的规定。

(2)吊点的数量、位置应经计算确定，应保证吊具连接可靠，应采取保证起重设备的主钩位置、吊具及构件重心在竖直方向上重合的措施，防止松钩造成构件损坏及安全事故，图 4.65 所示为预制混凝土构件起吊前的吊具检查。

(3)吊索水平夹角不宜大于 60°，不应小于 45°。

(4)操作方式应慢起、稳升、缓放，吊运过程应保持稳定，不得偏斜、摇摆和扭转，严禁吊装构件长时间悬停在空中，图 4.66 所示为起吊构件。

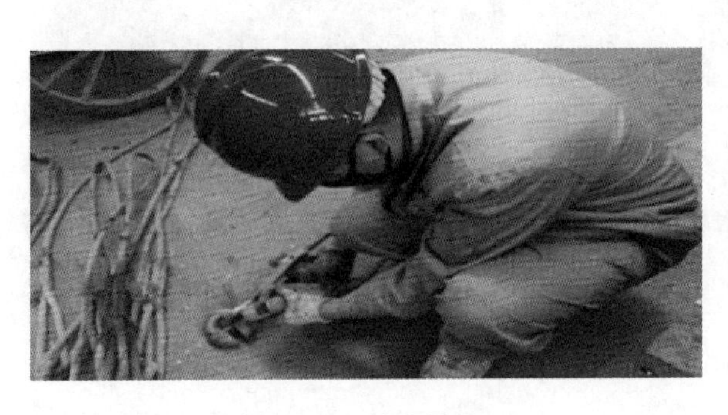

图 4.65　检查吊具

图 4.66　起吊

(5)吊装大型构件、薄壁构件或形状复杂的构件时，应使用分配梁或分配桁架类吊具，并应采取避免构件变形和损伤的临时加固措施。

4.2.2.10　保温板铺设

带夹芯保温材料的预制混凝土构件宜采用固定模台工艺成型，当采用一次成型工艺时，应先浇筑外叶混凝土层，再安装保温材料和连接件，最后在外叶混凝土初凝前成型内叶混凝土层；当采用二次成型工艺时，应先浇筑外叶混凝土层，再安装连接件，隔天再铺装保温板和浇筑内叶混凝土层。

保温板铺设前应按设计图纸和施工要求，确认连接件和保温板满足要求后，方可安放连接件和铺设保温板，保温板铺设应紧密排列。将制作好的保温板按顺序放入，使用橡胶锤将保温板按顺序敲打密实，特别注意边角的密实程度，严禁上人踩踏，确保保温板与外叶混凝土可靠粘接。

夹芯保温墙板主要采用FRP连接件或金属连接件将内、外叶混凝土层连接。在预制混凝土构件成型过程中，应确保连接件的锚固长度，且混凝土坍落度宜控制在140～180 mm内，以保证混凝土与连接件之间的有效握裹力。

当使用FRP连接件时，保温板应预先打孔，且在插入过程中应使FRP塑料护套与保温材料表面平齐并旋转90°。当使用垂直状态金属连接件时，可轻压保温板使其直接穿过连接件；当使用非垂直状态金属连接件时，保温板应预先开槽后再铺设，且对铺设过程中损坏部分的保温材料补充完整。

4.2.2.11　预制楼梯的合模加固

待预制楼梯钢筋安装完毕并检查合格后进行楼梯模具安装加固。合模的顺序为合背板—锁紧拉杆—合侧板—上部小侧板。合模完成后必须检查上部尺寸是否合格。还应注意：合模时背板底部是否压笼筋。

4.3　产品标识

预制混凝土构件在生产过程中应在明显部位进行产品标识，验收合格后应设置质量验收合格标志。

4.3.1　标识的要求

产品标识的信息包括构件编号、制作日期、合格状态和生产单位等信息。产品标识的信息及要求应符合以下规定：

(1)预制混凝土构件脱模后应在其表面醒目位置对每件构件进行编码；

(2)预制混凝土构件编码系统应包括构件型号、质量情况、使用部位、外观、生产日期(批次)及“合格”字样；

(3)预制混凝土构件的编码采用喷涂、挂牌、贴卡或贴膜方式。

4.3.2 RFID 芯片或二维码标识

传统的预制混凝土构件的标识常采用在预制混凝土构件表面用黑色水性笔进行手写标识或采用挂牌的形式进行标识。随着科技和计算机技术的快速发展，传统的构件标识仅能满足产品识别的要求，无法实现预制混凝土构件的信息追溯。为了在预制混凝土构件生产、运输存放和装配施工等环节体现预制混凝土构件信息的无损传递，实现精细化的管理和产品的质量追溯，我们常采用内埋 RFID 芯片或粘贴二维码的形式，对每个预制混凝土构件编制唯一的身份识别码，并在预制混凝土构件生产时，将 RFID 芯片预埋或二维码粘贴在同一位置，方便识取，如图 4.67 所示。

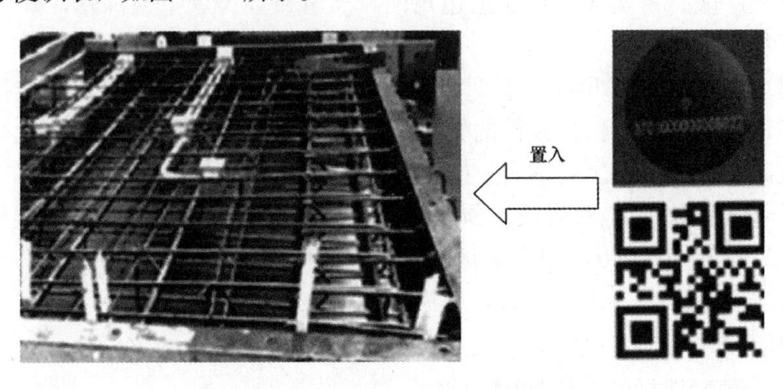

图 4.67　二维码、芯片预埋置入

埋入的芯片或二维码内的信息要与预制混凝土构件相对应，埋设位置同类构件要一致，方便在存储、运输、吊装过程中对预制混凝土构件进行系统管理，有利于预制混凝土构件的质量追溯。在预制混凝土构件生产的各个环节，如原材料检验、模具安装检查、钢筋安装检查、混凝土浇筑、入库存放等环节，都应将信息录入完整，确保预制混凝土构件信息录入全面。可采用微信扫描二维码或用 RFID 扫描枪扫描芯片查询到产品数据。

4.4　预制混凝土构件的检验

4.4.1 预制混凝土构件的检验程度

预制混凝土构件在工厂制作过程中应进行生产过程质量检查、隐蔽工程验收和成品质量验收，每项检查和验收完成后，均应按照规范要求，如实做好检查和验收记录，且检查和验收记录应妥善存档保管。

预制混凝土构件生产过程质量检查、隐蔽工程验收和成品质量验收的要求均应按照本章节 4.4.2 中的内容进行检查和验收，检查和验收应由专门的质检员进行，质检员应具备相应的工作能力和建设主管部门颁布的上岗资格证书，持证上岗。

在检查和验收过程中，构件质量合格的评定为合格品，构件质量不合格的评定为不合格品。当预制混凝土构件在生产过程质量检查合格，成品外观质量和外形尺寸偏差不符合要求，且不影响结构性能、安装和使用时，允许修补处理。修补后应重新进行成品验收，验收合格后，应将修补方案和验收记录妥善存档保管。

4.4.2 预制混凝土构件的检验内容

预制混凝土构件生产过程质量检验应对模具组装、钢筋及网片安装、预留及预埋件布置、混凝土浇筑、成品外观及尺寸偏差等分项进行检验。

预制混凝土构件应在混凝土浇筑之前作隐蔽工程验收，在预制混凝土构件出厂前进行成品质量验收。

4.4.2.1 预制混凝土构件生产过程质量检验

(1)混凝土浇筑前模具组装应符合表 4.3 的规定。

检查数量：全数检查。

检查方法：用卷尺、钢尺、靠尺、调平尺等仪器检查。

(2)预制混凝土构件采用的钢筋的规格、型号、力学性能和钢筋的加工、连接、安装等应符合现行国家标准《混凝土结构工程施工质量验收规范》(GB 50204—2015)的规定。

(3)预制混凝土构件的钢筋骨架及网片的安装位置、间距、保护层厚度、允许偏差应符合表 4.4 的规定。

检查数量：全数检查。

检查方法：对照构件设计制作图进行观察、测量。

(4)预制混凝土构件的连接套筒、预埋件、拉结件和预留孔洞的规格、数量和性能指标、安装位置应符合设计要求，安装或预留位置偏差应符合表 4.6 的规定。

检查数量：全数检查。

检查方法：对照构件设计制作图进行观察、测量。

(5)夹芯外墙板采用的保温材料、拉结件等产品规格、型号、数量、安装位置应符合设计要求。

检查数量：全数检查。

检查方法：对照构件设计制作图进行观察、测量。

(6)混凝土的配合比、性能指标、浇筑质量等应符合现行国家标准《混凝土结构工程施工质量验收规范》(GB 50204—2015)的规定。

(7)预制混凝土构件浇筑、养护、脱模之后外观质量应符合表 4.9 的规定。

检查数量：全数检查。

检查方法：对照构件设计制作图进行观察。

(8)预制混凝土构件外形尺寸允许偏差及检验方法应符合表 4.11 的规定。

检查数量：全数检查。

检查方法：对照构件设计制作图进行观察、测量。

(9)预制混凝土构件外装饰外观除应符合表 4.7 的规定外，还应符合现行国家标准《建筑装饰装修工程质量验收标准》(GB 50210—2018)的规定。

检查数量：全数检查。

检查方法：对照构件设计制作图进行观察、测量。

表 4.7 预制混凝土构件外装饰允许偏差及检验方法

<table>
<tr><th>外装饰种类</th><th>项目</th><th>允许偏差/mm</th><th>检验方法</th></tr>
<tr><td>通用</td><td>表面平整度</td><td>2</td><td>2 m 靠尺或塞尺检查</td></tr>
<tr><td rowspan="5">面砖</td><td>阳角方正</td><td>2</td><td>用托线板检查</td></tr>
<tr><td>上口平直</td><td>2</td><td>拉通线用钢尺检查</td></tr>
<tr><td>接缝平直</td><td>3</td><td rowspan="2">用钢尺或塞尺检查</td></tr>
<tr><td>接缝深度</td><td>±5</td></tr>
<tr><td>接缝宽度</td><td>±2</td><td>用钢尺检查</td></tr>
<tr><td colspan="4">注：当采用计数检查时，除有专门要求外，合格点率应达到 80%及以上，且不得有严重缺陷，可以评定为合格。</td></tr>
</table>

(10)门窗框预埋除应符合现行国家标准《建筑装饰装修工程质量验收标准》(GB 50210—2018)的规定，安装位置允许偏差尚应符合表 4.8 的规定。

检查数量：全数检查。

检查方法：对照构件设计制作图进行观察、测量。

表 4.8 门框和窗框安装位置允许偏差及检验方法

<table>
<tr><th>项目</th><th>允许偏差/mm</th><th>检验方法</th></tr>
<tr><td>门窗框定位</td><td>±1.5</td><td>钢尺检查</td></tr>
<tr><td>门窗框对角线</td><td>±1.5</td><td>钢尺检查</td></tr>
<tr><td>门窗框水平度</td><td>±1.5</td><td>钢尺检查</td></tr>
<tr><td colspan="3">注：当采用计数检查时，除有专门要求外，合格点率应达到 80%及以上，且不得有严重缺陷，可以评定为合格。</td></tr>
</table>

4.4.2.2 隐蔽工程验收

在混凝土浇筑之前，应进行预制混凝土构件的隐蔽工程验收，符合国家规范和设计要求，其检查项目包括以下几项：

(1)钢筋的牌号、规格、数量、位置和间距等；

(2)纵向受力钢筋的连接方式、接头位置、接头质量、接头面积百分率、搭接长度、锚固方式及锚固长度；

(3)箍筋、横向钢筋的牌号、规格、数量、位置、间距，箍筋弯钩的弯折角度及平直段长度；

(4)预埋件、吊环、插筋的规格、数量、位置等；

(5)钢筋连接用灌浆套筒、预留孔洞的规格、数量、位置等；

(6)钢筋的混凝土保护层厚度；

(7)夹芯外墙板的保温层位置和厚度，拉结件的规格、数量和位置等；

(8)预埋线盒、管线的规格、数量、位置及固定措施。

检查数量：全数检查。

检查方法：通过观察、尺量等进行检验验收，并将检查结果记录相关表格。

4.4.2.3 成品质量验收

预制混凝土构件出厂前进行成品质量验收，其检查项目包括下列内容：

(1)预制混凝土构件的外观质量；

(2)预制混凝土构件的外形尺寸；

(3)预制混凝土构件的钢筋、钢筋连接用灌浆套筒、预埋件、预留孔洞等；

(4)预制混凝土构件出厂前构件的外装饰和门窗框。

预制混凝土构件出厂前进行的外观质量、尺寸偏差应符合表 4.9 和表 4.11 的规定和设计要求。

检查数量：全数检查。

检查方法：通过观察、尺量等进行检验验收，并将检查结果记录相关表格。

表 4.9 预制混凝土构件外观质量缺陷分类

名称	观象	严重缺陷	一般缺陷
露筋	构件内钢筋未被混凝土包裹而外露	纵向受力钢筋有露筋	其他钢筋有少量露筋
蜂窝	混凝土表面缺少水泥砂浆而形成石子外露	构件主要受力部位有蜂窝	其他部位有少量蜂窝
孔洞	混凝土中孔穴深度和长度均超过保护层厚度	构件主要受力部位有孔洞	其他部位有少量孔洞
夹渣	混凝土中夹有杂物且深度超过保护层厚度	构件主要受力部位有夹渣	其他部位有少量夹渣
疏松	混凝土中局部不密实	构件主要受力部位有疏松	其他部位有少量疏松
裂缝	缝隙从混凝土表面延伸至混凝土内部	构件主要受力部位有影响结构性能或使用功能的裂缝	其他部位有少量不影响结构性能或使用功能的裂缝
连接部位缺陷	构件连接处混凝土缺陷及连接钢筋、联结件松动，插筋严重锈蚀、弯曲，灌浆套筒堵塞、偏位、破损等缺陷	连接部位有影响结构传力性能的缺陷	连接部位有基本不影响结构传力性能的缺陷
外形缺陷	缺棱掉角、棱角不直、翘曲不平、飞出凸肋等，装饰面砖黏结不牢、表面不平、砖缝不顺直等	清水或具有装饰的混凝土构件内有影响使用功能或装饰效果的外形缺陷	其他混凝土构件有不影响使用功能的外形缺陷
外表缺陷	构件表面麻面、掉皮、起砂、玷污等	具有重要装饰效果的清水混凝土构件有外表缺陷	其他混凝土构件有不影响使用功能的外表缺陷

预制混凝土构件脱模后应进行外观质量和外形尺寸检查。

1. 外观质量检查

预制混凝土构件外观质量检查的重点：蜂窝、孔洞、夹渣、疏松；表面层装饰质感；表面裂缝；破损。外观质量缺陷根据其影响结构性能、安装和使用功能的严重程度，可按表 4.9 的规定划分为严重缺陷和一般缺陷，如图 4.68 所示。

图 4.68 外观质量检查

预制混凝土构件脱模后应及时对其外观质量进行全数目测检查。预制混凝土构件的外观质量不宜有一般缺陷，也不应有严重缺陷。对于已经出现的一般缺陷，应进行修补处理，并重新检查验收；对于已经出现的严重缺陷，修补方案应经设计、监理单位认可之后进行修补处理，并重新检查验收。

预制混凝土构件脱模后，当出现表面破损和裂缝时，应按表 4.10 的规定作修补使用或废弃处理。

表 4.10　预制混凝土构件表面破损和裂缝处理方案

项目		处理方案	检验方法
破损	1. 影响结构性能且不能恢复的破损	废弃	目测
	2. 影响钢筋、连接件、预埋件锚固的破损	废弃	目测
	3. 上述 1、2 以外的，破损长度超过 20 mm	修补 1	目测、卡尺测量
	4. 上述 1、2 以外的，破损长度 20 mm 以下	现场修补	
裂缝	1. 影响结构性能且不能恢复的裂缝	废弃	目测
	2. 影响钢筋、连接件、预埋件锚固的裂缝	废弃	目测
	3. 裂缝宽度大于 0.3 mm 且裂缝长度超过 300 mm	废弃	目测、卡尺测量
	4. 上述 1、2、3 以外的，裂缝宽度超过 20 mm	修补 2	目测、卡尺测量
	5. 上述 1、2、3 以外的，宽度不足 0.2 mm 且在外表面的	修补 3	目测、卡尺测量
注：修补 1：用不低于混凝土设计强度的专用修补浆料修补； 修补 2：用环氧树脂浆料修补； 修补 3：用专用防水浆料修补。			

预制混凝土构件经过质量检验后，对于需要修补的预制混凝土构件应满足以下规定：

(1)质检、修补区应光线明亮，尽量设置在预制混凝土构件生产车间内；

(2)楼板、柱、梁等水平放置的预制混凝土构件应放在修补架上进行质量检验和修补以便看到底面；

(3)墙板等竖向放置的预制混凝土构件应放在靠放架上进行检查；

(4)预制混凝土构件经修补或表面处理完成、检验合格，进行产品标识后即可进行堆放。

2. 外形尺寸检查

预制混凝土构件外形尺寸检查的重点：伸出钢筋是否偏位；套筒是否偏位；孔眼是否偏位，孔道是否歪斜；预埋件是否偏位；外观尺寸是否符合要求；平整度是否符合要求。预制混凝土构件外形尺寸允许偏差及检验方法应符合表 4.11 的规定，如图 4.69 ～图 4.71 所示。

表 4.11　预制混凝土构件外形尺寸允许偏差及检验方法

项目			允许偏差/mm	检验方法
长度	板、梁、柱、桁架	<12 m	±5	尺量检查
		≥12 m 且<18 m	±10	
		≥18 m	±20	
	墙板		±4	
宽度、高(厚)度	板、梁、柱、桁架截面尺寸		±5	钢尺量一端及中部，取其中偏差绝对值较大处
	墙板的高度、厚度		±4	

续表

项目		允许偏差/mm	检验方法
表面平整度	板、梁、柱、墙板内表面	5	2 m靠尺和塞尺检查
	墙板外表面	3	
侧向弯曲	板、梁、柱	l/750且≤20	拉线、钢尺量最大侧向弯曲处
	墙板、桁架	l/1 000且≤20	
翘曲	板	l/750	调平尺在两端量测
	墙板	l/1 000	
对角线差	板	10	钢尺量两个对角线
	墙板、门窗口	5	
挠度变形	梁、板、桁架设计起拱	±10	拉线、钢尺量最大弯曲处
	梁、板、桁架下垂	0	
预留孔	中心线位置	5	尺量检查
	孔尺寸	±5	
预留洞	中心线位置	10	尺量检查
	洞口尺寸、深度	±10	
门窗口	中心线位置	5	尺量检查
	宽度、高度	±3	
预埋件	预埋件锚板中心线位置	5	尺量检查
	预埋件锚板与混凝土面平面高差	0，−5	
	预埋螺栓中心线位置	2	
	预埋螺栓外露长度	+10，−5	
	预埋套筒、螺母与混凝土面平面高差	0，−5	
	线管、电盒、木砖、吊环在构件平面的中心线位置偏差	20	
	线管、电盒、木砖、吊环与构件表面混凝土高差	0，−10	
预留插筋	中心线位置	3	尺量检查
	外露长度	+5，−5	
键槽	中心线位置	5	尺量检查
	长度、宽度、深度	±5	

图 4.69　测量构件边缘平整度

图 4.70　测量构件边角垂直度

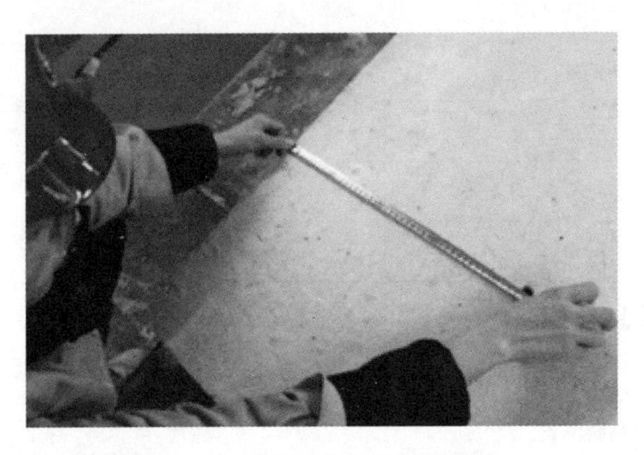

图 4.71　测量预留孔洞的位置

4.4.3　预制混凝土构件生产过程质量检验表

预制混凝土构件生产过程质量检验表包括模具组装检查表、钢筋及钢筋网片安装(绑扎)检查表、预埋(预留)构件安装及预留孔洞检查表、预制混凝土构件装饰外观检查表、门窗框安装检查表，详细的检查表见表 4.12～表 4.16。

表 4.12　模具组装检查表

生产企业：　　　　　　　　　　　　　　　构件类型：

构件编号：　　　　　　　　　　　　　　　检查日期：

检查项目	设计值	允许偏差/mm	实测值	判定
边长		±2		
对角线误差		3		
底模平整度		2		
侧板高差		2		
表面凹凸		2		
扭曲		2		
翘曲		2		

续表

弯曲			2		
侧向扭曲	$H \leqslant 300$		1.0		
	$H > 300$		2.0		
外观		凹凸、破损、弯曲、生锈			

检查结果：

质检员：

年　　月　　日

表 4.13　钢筋及钢筋网片安装(绑扎)检查表

生产企业：　　　　　　　　　　　　　构件类型：

构件编号：　　　　　　　　　　　　　检查日期：

检查项目		允许偏差/mm	实测值	判定
绑扎钢筋网	长、宽	±10		
	网眼尺寸	±20		
绑扎钢筋骨架	长	±10		
	宽、高	±5		
	钢筋间距	±10		
受力钢筋	位置	±5		
	排距	±5		
	保护层	满足设计要求		
绑扎钢筋、横向钢筋间距		±20		
箍筋间距		±20		
钢筋弯起点位置		±20		

检查结果：

质检员：

年　　月　　日

表 4.14　预埋(预留)构件安装及预留孔洞检查表

生产企业：　　　　　　　　　　　　　　　　构件类型：

构件编号：　　　　　　　　　　　　　　　　检查日期：

检查项目		允许偏差/mm	实测值	判定
钢筋连接套筒	中心线位置	±3		
	安装垂直度	1/40		
	套筒内部、注入、排出口的堵塞			
预埋件(插筋、螺栓、吊具等)	中心线位置	±5		
	外露长度	+5～0		
	安装垂直度	1/40		
拉结件	中心线位置	±3		
	安装垂直度	1/40		
预留孔洞	中心线位置	±5		
	尺寸	+8，0		
其他需要先安装的部件	安装状况			
检查结果： 质检员： 年　月　日				

表 4.15　预制混凝土构件装饰外观检查表

生产企业：　　　　　　　　　　　　　　　　构件类型：

构件编号：　　　　　　　　　　　　　　　　检查日期：

检查项目		允许偏差/mm	实测值	判定
通用	表面平整度	2		
面砖	阳角方正	2		
	上口平直	2		
	接缝平直	3		
	接缝深度	±5		
	接缝宽度	±2		
检查结果： 质检员： 年　月　日				
注：当采用计数检验时，除有专门要求外，合格点率应达到80%及以上，且不得有严重缺陷，可以评定为合格。				

表 4.16　门窗框安装检查表

生产企业：　　　　　　　　　　　　　　　　　　构件类型：

构件编号：　　　　　　　　　　　　　　　　　　检查日期：

检查项目	允许偏差	实测值	判定
门窗框定位	±1.5		
门窗框对角线	±1.5		
门窗框水平度	±1.5		
检查结果： 质检员： 年　月　日			

4.4.4　预制混凝土构件质量检验表

预制混凝土构件质量验收表包括预制混凝土构件隐蔽工程质量验收表和预制混凝土构件出厂质量验收表，详细的质量验收表见表 4.17 和表 4.18。

表 4.17　预制混凝土构件隐蔽工程质量验收表

生产企业：　　　　　　　　　　　　　　　　　　构件类型：

构件编号：　　　　　　　　　　　　　　　　　　检查日期：

分项	检查项目	质量要求	实测	判定
钢筋	编号			
	规格			
	数量			
	位置允许偏差/mm			
	间距偏差/mm			
	保护层厚度/mm			
纵向受力钢筋	连接方式			
	接头位置			
	接头质量			
	接头面积百分率/%			
	连接长度			
箍筋、横向钢筋	牌号			
	规格			
	数量			
	间距偏差/mm			
	箍筋弯钩的弯折角度			
	箍筋弯钩的平直段长度			

续表

预埋件、吊环、插筋	规格			
	数量			
	位置偏差/mm			
浆套筒、预留孔洞	规格			
	数量			
	位置偏差/mm			
保湿层	位置			
	厚度/mm			
保湿层拉结件	规格			
	数量			
	位置偏差/mm			
预埋管线、线盒	规格			
	数量			
	位置偏差/mm			
	固定措施			
检查结果： 质检员： 年　月　日				

表 4.18　预制混凝土构件出厂质量验收表

分项	检查项目		质量要求	实测	判定
外观质量	破损				
	裂缝				
	蜂窝、孔洞等外表缺陷				
构件外形尺寸	允许偏差	长度/mm			
		宽度/mm			
		厚度/mm			
		对角线差值/mm			
		表面平整度、扭曲、弯曲			
		构件边长翘曲			
钢筋	允许偏差	中心线位置			
		外露长度			
	保护层厚度				
	主筋状态				

续表

<table>
<tr><td rowspan="3">连接套筒</td><td rowspan="2">允许偏差</td><td>中心线位置</td><td></td><td></td><td></td></tr>
<tr><td>垂直度</td><td></td><td></td><td></td></tr>
<tr><td colspan="2">注入，排出口堵塞</td><td></td><td></td><td></td></tr>
<tr><td rowspan="3">预埋件</td><td rowspan="3">允许偏差</td><td>中心线位置</td><td></td><td></td><td></td></tr>
<tr><td>平整度</td><td></td><td></td><td></td></tr>
<tr><td>安装垂直度</td><td></td><td></td><td></td></tr>
<tr><td rowspan="2">预留孔洞</td><td rowspan="2">允许偏差</td><td>中心线位置</td><td></td><td></td><td></td></tr>
<tr><td>尺寸</td><td></td><td></td><td></td></tr>
<tr><td rowspan="2">外装饰</td><td colspan="2">图案、分格、色彩、尺寸</td><td></td><td></td><td></td></tr>
<tr><td colspan="2">破损情况</td><td></td><td></td><td></td></tr>
<tr><td rowspan="3">门窗框</td><td rowspan="3">允许偏差</td><td>定位</td><td></td><td></td><td></td></tr>
<tr><td>对角线</td><td></td><td></td><td></td></tr>
<tr><td>水平度</td><td></td><td></td><td></td></tr>
<tr><td colspan="6">检查结果：

质检员：
年　月　日</td></tr>
</table>

成品检验合格后，对成品进行标识，粘贴产品合格证后，方可进行入库存放，如图 4.72 所示。

图 4.72　入库存放

思考题

1. 预制混凝土构件的钢筋骨架、钢筋网片有哪些具体要求？

2. 预制混凝土构件在浇筑混凝土前应进行隐蔽工程检查，检查项目应包括哪些方面？

3. 预制混凝土构件在浇筑、振捣、养护过程中有哪些要求？

4. 饰面材料的"反打"工艺指的是什么？

第5章　预制混凝土构件的运输与存储

5.1　预制混凝土构件运输

5.1.1　厂内运输

预制混凝土构件厂内运输方式由工厂工艺设计确定。车间起重机范围内的短距离运输可用起重机直接运输。车间起重机与室外龙门吊可以衔接时，可用起重机运输。

如果运输距离较长，或车间起重机与室外龙门吊作业范围不衔接时，可采用预制混凝土构件转运车进行运输。

预制混凝土构件在转运过程中，应采取必要的固定措施，运行平稳，防止构件损伤。

5.1.2　运输路线规划

预制混凝土构件出厂前，预制混凝土构件工厂发货负责人与运输负责人应根据发货目的地勘察、规划运输路线，测算运输距离，尤其是运输路线所经过的桥梁、涵洞、隧道等路况要确保运输车辆能够正常通行。有条件的工厂可以先安排车辆进行试跑，实地勘察验证，确保运输车辆的无障碍通过。

运输路线宜合理选择2～3条，1条作为常用路线，其他路线作为备选路线。运输时综合考虑天气、路况等实际情况，合理选择运输路线。预制混凝土构件运输时，应严格遵守国家和地方《道路交通管理规定》的要求，减少噪声污染，做到不扰民、不影响周围居民的休息。

5.1.3　装卸设备与运输车辆

在预制混凝土构件出厂前，发货员应根据发货单的内容提前进行运输排布，并选择合适的运输车辆。预制混凝土构件工厂应对运输车辆提前进行检查或检修，确保运输车辆的安全性，避免在运输过程中出现安全隐患。运输车辆常采用9.6 m和17 m的预制混凝土构件专用运输车，如图5.1所示。

装卸设备可以是门吊、桥吊或汽车吊。起重设备、吊具应与构件质量相匹配，保证装卸设备及构件安全。在装卸过程中，应对预制混凝土构件成品进行保护，避免预制混凝土构件在装卸过程中的破坏。

图 5.1 运输车辆

5.1.4 运输放置方式

预制混凝土构件在运输过程中应使用托架、靠放架、插放架等专业运输架，避免在运输过程中出现倾斜、滑移、磕碰等安全隐患，同时也防止预制混凝土构件损坏。

应根据不同种类预制混凝土构件的特点采用不同的运输方式，托架、靠放架、插放架应进行专门设计，进行强度、稳定性和刚度验算：

(1)墙板类构件宜采用竖向立式放置运输，外墙板饰面层应朝外；预制梁、叠合板、预制楼梯、预制阳台板宜采用水平放置运输；预制柱可采用水平放置运输，当采用竖向立式放置运输时应采取防止倾覆措施；

(2)采用靠放架立式运输时，构件与地面倾斜角度宜大于 80°，构件应对称靠放，每侧不宜大于 2 层，构件层间宜采用木垫块隔离；

(3)采用插放架直立运输时，构件之间应设置隔离垫块，构件之间以及构件与插放架之间应可靠固定，防止构件因滑移、失稳造成的安全事故；

(4)水平运输时，预制梁、预制柱构件叠放不宜超过 2 层，板类构件叠放不宜超过 6 层。

各类预制混凝土构件的装车运输如图 5.2～图 5.6 所示。

图 5.2 墙板运输架

图 5.3 墙板装车

图 5.4　墙板运输

图 5.5　叠合板运输

微信扫一扫

进入装配式建筑产业信息服务平台

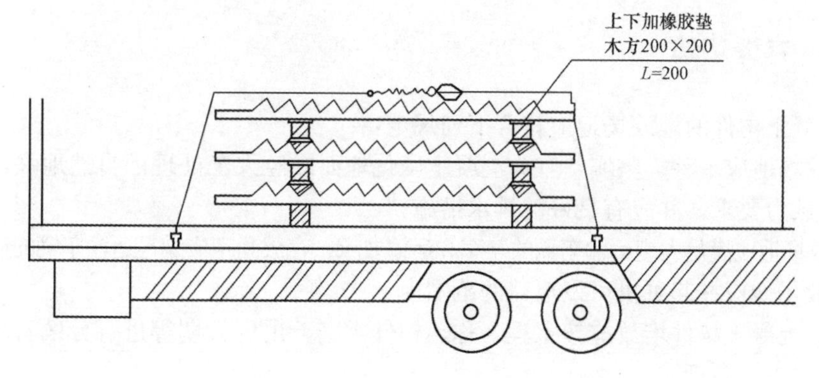

图 5.6　预制楼梯运输

5.1.5 装车状况检查

预制混凝土构件在装卸过程中应保证车体平衡，运输过程中应使用专业运输架、构件固定牢固，并采取防止构件滑动、倾倒的安全措施和成品保护措施。

预制混凝土构件运输安全和成品保护应符合下列规定：

(1)应根据预制混凝土构件种类采取可靠的固定措施。

(2)对于超高、超宽、形状特殊的大型预制混凝土构件的运输应制定专门的质量安全保证措施。

(3)运输时宜采取如下防护措施：

①设置柔性垫片避免预制混凝土构件边角部位或链索接触处的混凝土损伤；

②用适当材料包裹垫块避免预制混凝土构件外观污染；

③墙板门窗框、装饰表面和棱角采用塑料贴膜或其他措施防护；

④竖向薄壁构件、门洞设置临时防护支架；

⑤装箱运输时，箱内四周采用木材或柔性垫片填实，支撑牢固；

⑥装饰一体化和保温一体化的构件有防止污染措施；

⑦不超载。

(4)构件应固定牢固，有可能移动的空间用柔性材料隔垫，保证车辆转弯、刹车、上坡、颠簸时构件不移动、不倾倒、不磕碰。

5.1.6 运输交付资料

预制混凝土构件交付时的产品质量证明文件应包括以下内容：

(1)出厂合格证；

(2)混凝土强度检验报告；

(3)钢筋连接工艺检验报告；

(4)合同要求的其他质量证明文件。

5.2 预制混凝土构件的存储

5.2.1 存储场地

预制混凝土构件的堆放场地应符合下列规定：

(1)堆放场地应平整、坚实，宜为混凝土硬化地面或经人工处理的自然地坪，满足平整度和地基承载力要求，并应有良好的排水措施。

(2)堆放场地应满足大型运输车辆的装车和运输要求；存放间距应满足运输车辆的通行要求。

(3)堆放场地应在起重机可以覆盖的范围内。

(4)预制混凝土构件堆放应按工程名称、构件类型、出厂日期等进行分区管理，并宜采用信息化方式进行管理。

5.2.2　存储方式

预制混凝土构件脱模后，一般要经过质量检查、外观整理、场地存放、运输等多个环节，构件支撑点数量、位置、存放层数应满足设计要求。预制混凝土构件的存储方式应保证不受损伤。如果设计没有给出存储方式要求，工厂应制定存储方案。

具体要求如下：

(1)预制混凝土构件存放方式和安全质量保证措施应符合设计要求；

(2)预制混凝土构件入库前和存放过程中应做好安全和质量防护；

(3)应合理设置垫块支撑点位置，确保预制混凝土构件存放稳定，支点宜与起吊点位置一致；

(4)预制混凝土构件多层叠放时，每层构件间的垫块应上下对齐。

5.2.3　预制混凝土构件支撑

预制混凝土构件堆放时必须按照构件设计图纸的要求设置支撑的位置与方式。预制混凝土构件支撑应符合下列规定：

(1)合理设置垫块支点位置，预制混凝土构件支垫应坚实，垫块在预制混凝土构件下的位置宜与脱模、吊装时的起吊位置一致，确保预制混凝土构件存放稳定；

(2)预制混凝土构件与刚性搁置点之间应设置柔性垫片，预埋吊件应朝上放置，标识应向外，宜朝向堆垛间的通道；

(3)重叠堆放构件时，每层构件间的垫块应上下对齐，堆垛层数应根据构件、垫块的承载力确定，并应根据需要采取防止堆垛倾覆的措施；

(4)与清水混凝土面接触的垫块应采取防污染措施；

(5)堆放预应力构件时，应根据预制混凝土构件起拱值的大小和堆放时间采取相应措施。

5.2.4　构件堆放要求

预制混凝土构件堆放的要求应符合下列规定：

(1)按照产品名称、规格型号、检验状态分类存放，产品标识应明确、耐久，预埋吊件应朝上，标识应向外；

(2)预制楼板、叠合板、阳台板和空调板等构件宜平放，宜采用专门的存放架支撑，叠放层数不宜超过 6 层；长期存放时，应采取措施控制预应力构件起拱值和叠合板翘曲变形；

(3)预制柱、叠合梁等细长构件宜平放且用两条垫木支撑；

(4)预制内、外墙板、挂板宜采用插放架直立存放，支架应有足够的强度和刚度，薄弱构件、构件薄弱部位和门窗洞口应采取防止变形开裂的临时加固措施；

(5)预制楼梯宜采用水平叠放，不宜超过 4 层。

5.2.5　存储注意事项

预制混凝土构件存储方法有平放和竖放两种方法，原则上墙板采用竖放方式，叠合板和预制柱构件采用平放或竖放方式，叠合梁构件采用平放方式。

平放时的注意事项如下：

(1)预制柱、叠合梁等细长构件宜平放且用两条垫木支撑；

(2)预制楼板、叠合板、阳台板和空调板等构件宜平放，叠放层数不宜超过6层；长期存放时，应采取措施控制预应力构件起拱值和叠合板翘曲变形；

(3)楼梯可采用水平叠层存放。

竖放时的注意事项如下：

(1)预制内外墙板、挂板宜采用专用支架直立存放，支架应有足够的强度和刚度，构件上部宜采用两点支撑，下部应支垫稳固，薄弱构件、构件薄弱部位和门窗洞口应采取防止变形开裂的临时加固措施；

(2)带飘窗的墙体应设有支架立式存放；

(3)装饰化一体构件要采用专门的存放架存放。

5.2.6　存储示例

1. 叠合梁堆放

叠合梁堆放，如图5.7所示。

图5.7　叠合梁堆放

2. 预制柱堆放

预制柱堆放，如图5.8所示。

图5.8　预制柱堆放

3. 叠合板堆放

叠合板堆放，如图 5.9 和图 5.10 所示。

图 5.9　叠合板堆放

图 5.10　叠合板立体堆放

4. 预制墙板堆放

预制墙板堆放，如图 5.11 所示。

图 5.11　预制墙板堆放

5. 预制楼梯堆放

预制楼梯堆放，如图 5.12 所示。

图 5.12 预制楼梯堆放

6. 预制阳台堆放

预制阳台堆放，如图 5.13 所示。

图 5.13 预制阳台堆放

7. 飘窗堆放

飘窗堆放，如图 5.14 所示。

图 5.14 飘窗堆放

思考题

1. 预制混凝土构件的存放有哪些要求？
2. 预制混凝土构件的运输有哪些要求？

第6章 预制混凝土构件工厂的管理体系

6.1 质量管理体系

6.1.1 质量管理架构

为保证预制混凝土构件工厂所生产的预制混凝土构件的质量合格，在预制混凝土构件工厂内应建立合理的质量管理组织，按照岗位职责合理分工，责任落实到个人，质量管理组织架构宜按照生产环节分工。

通常，由预制混凝土构件工厂厂长对工厂的质量管理负总责，下设设计部、技术部、生产部、运输部、设备安全部、质检部和物资部等管理部门。设计部可视预制混凝土构件工厂具体情况而定，如果工厂具有预制混凝土构件详图设计人员，宜设置此部门。如果不具备条件，可由技术部配合设计院完成预制混凝土构件详图工作。各岗位的人员配备数量应满足国家规定及地方主管部门的相关要求，上岗前应经过岗前培训，并经考试合格后，方可上岗。

6.1.2 质量管理各部门的岗位职责

1. 预制混凝土构件工厂厂长

(1)建立健全本单位质量管理生产责任制；

(2)组织制定本单位质量管理规章制度和操作规程，落实执行；

(3)督促、检查本单位的预制混凝土构件的生产情况，确保产品质量；

(4)负责本单位的质量、进度控制的管理工作；

(5)发现不合格产品，及时整顿、杜绝出厂。

2. 设计管理部门

(1)负责本单位设计图纸的深化工作，确保生产图纸的准确性；

(2)与设计院进行图纸对接，做好图纸会审工作。

3. 技术管理部门

(1)负责工厂内的生产管理计划工作，并落实执行；

(2)按照合同要求，制订工厂生产实施计划；

(3)负责生产过程中各项生产物资的计划管理，保证工厂正常运转；

(4)及时召开生产例会，通报生产进度及生产质量情况，及时解决生产过程中发现的问题；

(5)现场跟踪车间内各项目各类预制混凝土构件的生产情况，确保生产质量。

4. 生产管理部门

(1)全面负责车间内的生产管理工作，杜绝一切生产隐患；

(2)负责预制混凝土构件工厂车间内日常生产管理，组织制订各项目的生产计划及管理方案；

(3)负责建立健全车间工人工作职责和标准，明确责任和分工；

(4)对各岗位的人员及一线工人进行岗前培训和安全教育。

5. 运输管理部门

(1)全面负责预制混凝土构件工厂内产品的运输；

(2)根据发货指令或发货计划，联系车辆，并按指定时间出厂；

(3)统计发货量，按照发货流程，调度发货；

(4)收集每次发货所需的出厂合格证、各类检验表等资料。

6. 设备安全管理部门

(1)根据构件设计图纸，加工、修改生产所需的模具；

(2)根据钢筋的型号、数量等，合理进行钢筋下料，制作需满足构件设计制作图中的要求，制作完成后的钢筋及时进行运输存放；

(3)定期对设备进行维修、保养，建立设备台账，及时记录；

(4)对设备操作人员进行定期培训，确保设备的正确使用。

7. 质检管理部门

(1)起草本单位的质量管理规章制度，落实预制混凝土构件生产的质量检查管理工作，保证产品质量；

(2)负责本工厂预制混凝土构件在生产过程中的质量检查及预制混凝土构件出厂的质量检查工作，监控预制混凝土构件生产质检工作的具体实施情况；

(3)及时填写质检报告，发现问题及时上报。

8. 物资管理部门

(1)及时与技术部对接物资计划，按照要求进行采购，及时做好采购管理；

(2)做好本工厂内的各项物资的管理工作，做好台账记录；

(3)掌握本工厂所需的材料和设备，及时采购及补货，确保物资按时到达；

(4)按照材料的存放要求进行合理存放，确保材料的质量。

9. 试验管理部门

(1)负责进厂原材料的各项抽样试验及检测工作，对原材料的质量进行控制；

(2)对生产质量进行有效的监控。

10. 搅拌站

(1)负责混凝土配合比的控制，实时监控混凝土的质量；

(2)负责整个厂区的混凝土的搅拌、运输及设备的检修、保养工作。

11. 资料管理部门

(1)负责预制混凝土构件在生产过程中的质量检查、隐蔽工程验收、成品检验等各类资料的收集、整理及存档工作；

(2)与总包单位及时对接产品资料及其他相关资料。

6.2 安全管理体系

6.2.1 安全管理组织架构

预制混凝土构件工厂除设有质量管理组织架构外，还应设置安全管理组织架构。通常由厂长(或主管安全工作的副厂长)全面负责整个预制混凝土构件工厂的安全管理工作。各生产车间宜设立车间级安全生产领导小组，车间主任担任安全生产领导小组组长，负责整个车间的安全管理，有效落实安全生产职责。典型工厂的安全管理组织架构如图 6.1 所示。

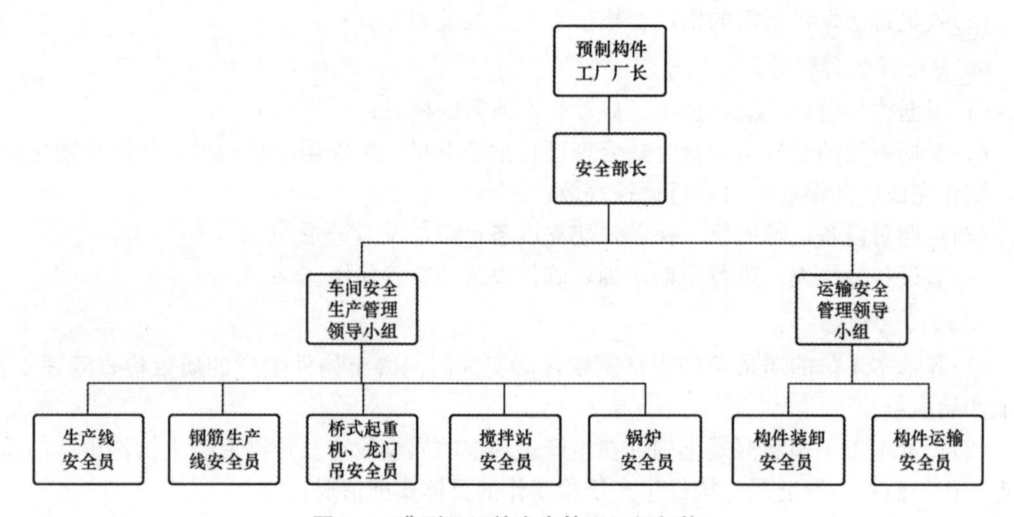

图 6.1　典型工厂的安全管理组织架构

各岗位的安全生产管理人员要具备专业的安全知识，能胜任预制混凝土构件安全生产的工作能力，并经有关主管部门的安全生产知识和管理能力考核，考核合格后，持证上岗。

6.2.2 安全管理岗位职责

1. 预制混凝土构件工厂厂长

(1)建立健全本单位安全生产责任制；

(2)组织制定本单位安全生产规章制度和操作规程；

(3)组织制订并实施本单位安全生产教育和培训计划；

(4)保证本单位安全生产投入的有效实施；

(5)督促、检查本单位的安全生产工作，及时消除生产安全事故隐患；

(6)组织制定并实施本单位的生产安全事故应急救援预案；

(7)及时、如实报告生产安全事故。

2. 安全部部长

(1)制定本部门的规章制度，熟悉预制混凝土构件生产线、钢筋加工生产线的生产安全操作规程等强制性条款，组织或者参与制定相关安全规章制度、安全操作规程应急预案等；

(2)掌握预制混凝土构件生产工艺中相关专业知识和安全生产技术，监督相关安全规章制度的实施；

(3)保持预制混凝土构件工厂安全管理体系和安全信息系统的有效运行，制定预制混凝土构件工厂施工生产安全事故应急预案并组织演练；

(4)组织或者参与本单位安全生产教育和培训，如实记录安全生产教育和培训情况；

(5)督促落实本单位重大危险源的安全管理措施；

(6)检查本单位的安全生产状况，及时排查生产安全事故隐患，提出改进安全生产管理的建议；

(7)制止和纠正违章指挥、强令冒险作业、违反操作规程的行为；

(8)督促落实本单位安全生产整改措施。

3. 车间安全

(1)车间安全生产领导小组。

①熟知本部门的规章制度，熟悉预制混凝土构件生产线、钢筋加工生产线的生产安全操作规程等强制性条款；

②掌握预制混凝土构件生产工艺中相关专业知识和安全生产技术，监督相关安全规章制度的实施；

③组织预制混凝土构件工厂内人员的安全教育培训、安全技术交底等工作；

④负责组织本部门事故隐患排查治理工作和职业病防治工作；

⑤负责督促落实本部门隐患整改工作；

⑥负责本部门安全事故上报。

(2)生产线安全员。

①掌握预制混凝土构件生产线的安全规章制度，及时监督检查，确保安全生产；

②及时发现和制止“三违”行为，纠正和消除人、机、物及环境等方面存在的不安全因素；

③及时排除危及人员和设备的险情，突遇重大险情时有权停止生产作业，并及时汇报；

④参加国家设立的安全生产培训与考试，并具备相应的工作能力，持证上岗；

说明：安全员证书对应施工资质，拥有施工资质企业需按照行业要求配备持证安全员；制造企业无安全员持证要求，企业负责人、安全管理人员有安全生产管理证即可。

⑤负责生产线危险作业现场检查和监护工作。

(3)钢筋生产线安全员。

①自觉遵守预制混凝土构件生产线的安全生产规章制度和操作规程，工作中做到“四不伤害”，同时应及时制止他人违章作业；

②作业人员要参加专业培训，掌握本岗位的操作技能，特种作业人员需取得作业资格后持证上岗；

③正确分析、判断和处理各种事故隐患，及时上报故障，严禁违规操作；

④负责钢筋生产线危险作业现场检查和监护工作。

(4)桥式起重机、龙门吊安全员。

①自觉遵守预制混凝土构件生产线的安全生产规章制度和操作规程，工作中做到“四不伤害”，同时应及时制止他人违章作业；

②特种设备作业人员要参加专业培训，掌握本岗位的操作技能，取得作业资格后持证上岗；

③正确分析、判断和处理各种事故隐患，及时上报故障，严禁违规操作；

④负责吊装现场的安全检查和监护工作。

(5)搅拌站安全员。

①自觉遵守预制混凝土构件生产线的安全生产规章制度和操作规程，工作中做到“四不伤害”，同时应及时制止他人违章作业；

②作业人员要参加专业培训，掌握本岗位的操作技能；

③正确分析、判断和处理各种事故隐患，及时上报故障，严禁违规操作；

④负责搅拌站危险作业的安全检查和监护工作。

(6)锅炉安全员。

①自觉遵守预制混凝土构件生产线的安全生产规章制度和操作规程，工作中做到“四不伤害”，同时应及时制止他人违章作业；

②作业人员要参加专业培训，掌握本岗位的操作技能，取得作业资格后持证上岗；

③正确分析、判断和处理各种事故隐患，及时上报故障，严禁违规操作。

4. 运输安全

(1)运输安全领导小组。

①熟知本部门的规章制度，熟悉预制混凝土构件存放及运输的安全操作规程；

②负责预制混凝土构件吊装、存放及运输的各项工作。

(2)构件装卸安全员。

①按照预制混凝土构件的装卸要求进行装卸，避免因装卸不当造成安全事故；

②及时制止作业人员违章行为；

③及时排除危及人员和设备的险情，突遇重大险情时有权停止作业，并及时汇报。

(3)构件运输安全员。

①按照预制混凝土构件工厂的发货流程，及时将预制混凝土构件运输到指定地点；

②预制混凝土构件运输过程中，平稳、匀速，避免倾覆，严禁超载运输。

6.2.3 安全管理规定

为加强预制混凝土构件工厂的安全生产工作，保障人员的自身安全，确保预制混凝土构件的正常生产，预制混凝土构件工厂的安全生产管理应满足以下规定：

(1)预制混凝土构件工厂各部门必须建立健全各自的安全生产的各项制度和操作规程；

(2)对预制混凝土构件工厂的员工及一线操作工人必须进行生产安全教育，如实填写教育记录并存档；

(3)生产人员及一线操作工人必须严格遵守操作规程进行作业生产，严禁违规操作，一旦发现，任何人有权制止违规操作者的操作行为；

(4)用于生产的设备必须处于正常工作状态，一旦设备出现问题或不能正常工作时，不准开机运行并保修；

(5)生产车辆严格按照划定的车辆行驶路线和指示标识在厂区和车间内行驶和停放，不得超速和越界行驶，严禁酒后驾驶；

(6)禁止在生产车间内、办公楼和宿舍楼内乱拉电线、使用大功率电器；

(7)在禁火区域内禁止吸烟、动火，避免发生危险；

(8)增强风险管控意识，对厂内危险源进行辨识评价，定期检查危险源管控情况；

(9)严格执行危险作业、临时用电审批制度；

(10)按相关法律法规要求落实职业健康防护工作；

(11)定期组织安全会议，听取安全汇报，研究安全问题。

6.2.4 安全培训

1. 安全培训要求

(1)一线生产工人必须经过工厂、车间、班组的三级安全教育，经考试合格后方可上岗；

(2)特殊工种操作人员要参加专业培训，掌握本工种的操作技能，取得特种作业操作证后方可持证上岗；

(3)根据工人技术水平和所从事生产活动的危险程度、工作难易程度，确定安全教育的方式和周期；

(4)每年至少安排不少于 2 次的安全教育培训，不断提高一线工人的安全意识和职业素质；

(5)建立从业人员安全生产教育和培训档案，如实记录人员教育培训情况；

(6)从业人员换岗、复岗前应重新进行安全教育；

(7)采用新工艺、新技术、新材料、新设备时，应进行有针对性的安全培训。

2. 安全培训内容

(1)培训安全相关法律法规、厂内安全管理制度、操作规程、安全生产职责等。

(2)预制混凝土构件生产线生产安全、钢筋加工线安全、搅拌站生产安全、桥式起重机和龙门吊吊运安全、地面车辆运输安全、用电安全、构件养护和冬季取暖锅炉管道安全等。

(3)预制混凝土构件的吊运、堆放的要求。要进行构件吊点位置的受力计算，预制混凝土构件应达到设计强度后才可起吊。正确选择堆放构件时垫木的位置，多层预制混凝土构件叠放时不得超过规范要求的层数与件数等。

(4)生产车间、办公楼与宿舍楼消防、用电安全管理。

(5)运输车辆的行驶、停放、承载及运输要求。

(6)公司存在的危险因素、可能遭受的事故和职业伤害。

(7)自救、互救、急救方法，公司应急救援预案。

(8)有关事故案例。

3. 安全培训形式

(1)安全教育讲座；

(2)安全教育观摩学习；

(3)安全教育科普展；

(4)安全教育宣传栏；

(5)安全知识竞赛；

(6)演讲或研讨会；

(7)其他形式。

安全培训结束后，需对参加培训的人员进行考试，经考试合格后，方可持证上岗，不及格者需再次学习补考，直到获得合格资格证后才能上岗。

6.2.5 安全生产检查

1. 安全检查程序

为加强安全生产管理，预制混凝土构件工厂需进行日常安全检查、定期检查、专项安全检查、季节安全检查和节假日安全检查，落实预制混凝土构件工厂各项安全规章制度，及时发现并消除安全生产中存在的安全隐患，制止违章行为，保障预制混凝土构件的安全生产。

2. 安全检查内容

(1)日常安全检查。

①预制混凝土构件生产线和钢筋生产线的每个作业班组，是否严格执行班组的巡回检查和交接班检查，是否进行生产设备的检查。

②搅拌站在拌制混凝土过程中，是否有作业班次之间的交接班记录；搅拌前，有无对使用仪器进行安全检查；搅拌后是否及时清理残留混凝土；夜间拌制混凝土时，封闭料仓内的照明是否满足装载机安全行驶要求。混凝土输送料斗的放料门闭合是否严密等。

③如在日常安全检查中发现事故隐患，要及时下发整改通知单，督促被检查车间和班组及时整改，消除安全隐患，确保工厂的安全生产。

④车间内各班组在生产前要进行班前教育和安全隐患自查。

(2)专项安全检查。专项安全检查一般要进行安全用电、防火、防雷的安全检查，还要进行安全防护装置的安全检查。

(3)季节安全检查。根据季节特点有侧重性地进行安全检查。例如：春季多大风天气，要防火、防龙门吊脱轨；夏季酷热多雨，要防雷击、防汛；秋季干燥多风，要防火、防静电、防龙门吊脱轨；冬季寒冷多雨雪，要防止管道破裂并防冻、防滑。

(4)节假日安全检查。节假期安全检查主要是对节日期间的安全、保卫、消防、生产装置等进行安全检查，避免发生安全事故。

在检查期间，一旦发现安全隐患，要立即进行停工整改，待整改完成后，进行复查，确认无危险后，方可继续开工。

思考题

1. 预制混凝土构件工厂安全管理的规定有哪些?
2. 预制混凝土构件工厂安全培训的内容有哪些?

第7章　信息化管理

预制混凝土构件信息化管理是指将装配式建筑的设计、深化设计、原材料、设备、生产、质量检验、存储与运输等环节的全部采集信息保存到数据库中，便于相关各方查询、使用，有利于工厂对进度计划、生产质量、安全及成本管理等管理目标进行控制，也为预制混凝土构件运输单位、施工单位、业主及政府主管部门等相关单位提供信息支持。主要信息化管理技术包括：

1. BIM技术应用

建筑信息模型(Building Information Modeling，简称BIM)是以建筑工程项目的各项相关信息数据作为模型的基础，进行建筑模型的建立，通过数字信息仿真模拟建筑物所具有的真实信息，如图7.1所示。它具有信息完备性、信息关联性、信息一致性、可视化、协调性、模拟性、优化性和可出图性八大特点。运用BIM技术可以实现项目从设计、生产、施工到运营、维护等全过程的信息化管理，为业主提供更好的服务，提高建筑全生命周期的工程质量。

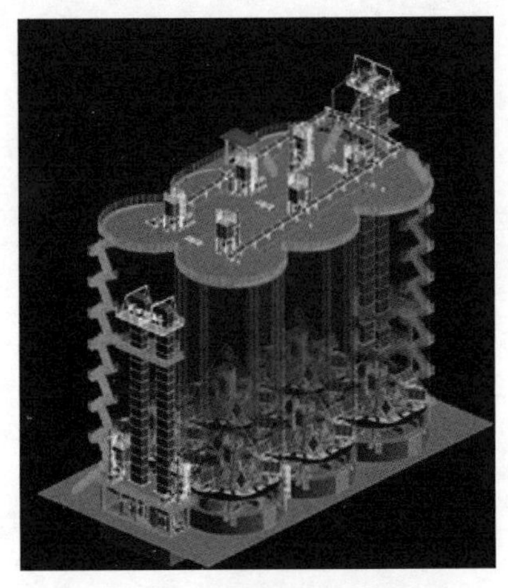

图7.1　BIM技术应用

那如何将BIM技术应用于预制混凝土构件生产中呢？可在识读CAD图纸的基础上，利用Revit软件进行单个构件的建立，创建构件库，进行结构模型的组装，可组装成一层或整栋结构模型，敷设管线进行碰撞检查，再将创建的模型导入BIM软件中，实现预制混凝土构件的赋码、订单生成，并将预制混凝土构件生产的信息反馈到BIM模型中，实现质量追溯。

2. 物联网技术应用

物联网(Internet of Things)是指通过各种信息传感设备，如传感器、全球定位系统、红外线感应器、激光扫描器、气体感应器等各种装置，实时采集任何需要监控、连接、互动的物体或过程，采集其声、光、热、电、力学、化学、生物、位置等各种需要的信息，与互联网结合形成的一个巨大网络。其目的是实现物与物、物与人，所有的物品与网络的连接，方便识别、管理和控制。如图 7.2 所示为物联网技术的应用范围，图 7.3 所示为物联网技术的发展趋势。

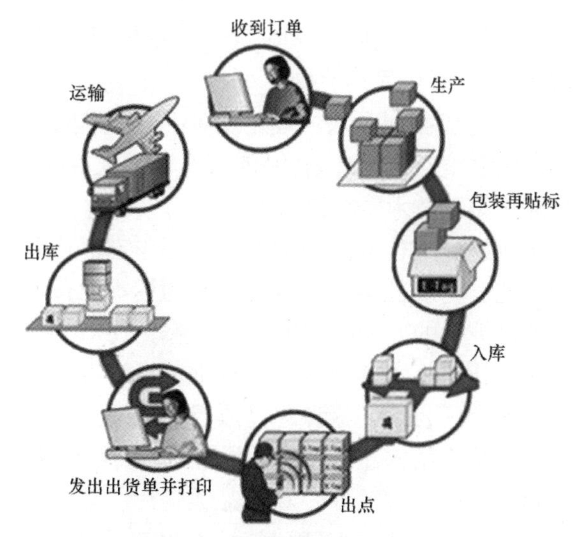

图 7.2　物联网技术的应用范围

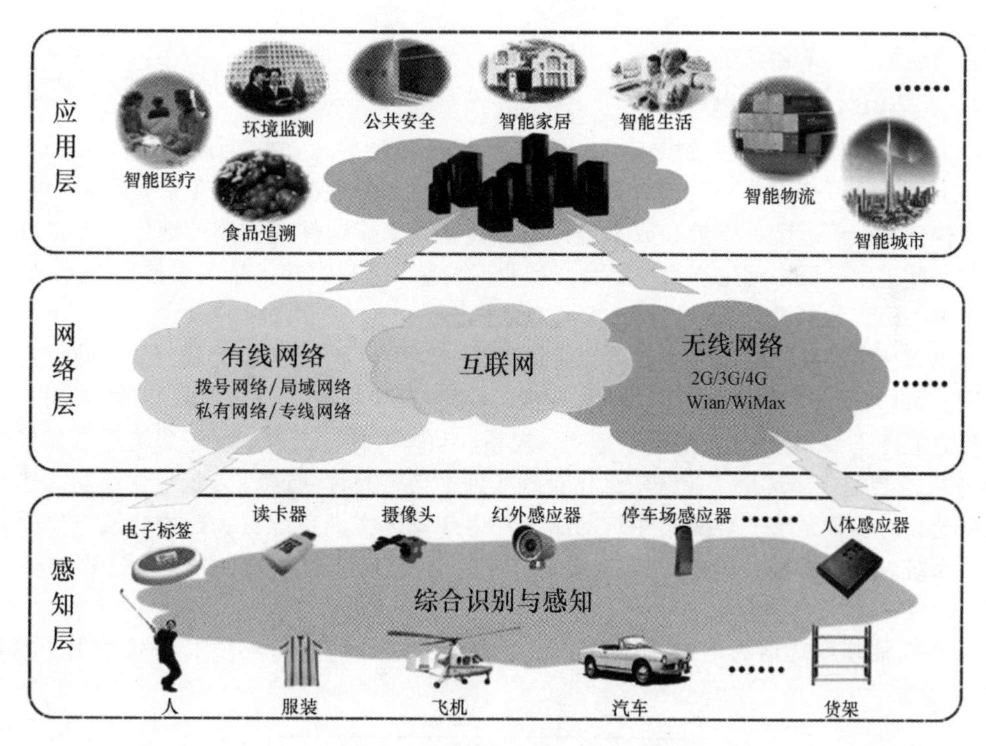

图 7.3　物联网技术的发展趋势

那如何将物联网技术应用于预制混凝土构件生产中呢？以单个构件为基本管理单元，以无线射频芯片(RFID)和二维码为跟踪手段，采集原材料进厂、生产过程检验、入库检验、装车运输等全过程信息，建立装配式建筑全生命期的数据库。

每个预制混凝土构件嵌入一个 RFID 芯片，相当于给预制混凝土构件配上了唯一的“身份证”，通过扫描二维码，即可拾取该构件的所有信息，了解清楚部品部件的生产与施工情况，为预制混凝土构件的生产、存放、运输、装配等环节的实施提供关键技术支持，保证信息的有效传递、高效使用，实现精细化管理，实现产品信息的可追溯性。

3. 装配式建筑标准化部品部件库

2016 年，由住房和城乡建设部科技与产业化发展中心承担的“工业化建筑标准化部品库研究”获科技部批复立项(国家重点研发计划“绿色建筑与建筑工业化”重点专项——“建筑工业化技术标准体系与标准化关键技术”项目)。

该课题提出了工业化建筑标准化部品分类编码方法与部品库构建规则，通过建立工业化建筑结构构件、围护系统、功能部品、设备管线等的标准化部品库，实现工业化建筑部品与工业化建筑标准化关键技术的融合和应用。完成基于 BIM 技术的部品库信息交换共享平台与应用示范，为工业化建筑标准体系与关键标准、设计标准化技术、施工标准化技术等项目研究成果建立联系平台。目前，该课题已取得《工业化建筑标准化部品编码标准》研究成果，并建设了装配式混凝土结构建筑标准化部品库、钢结构木结构建筑标准化部品库、工业化建筑装修和设备管线标准化部品库三项部品数据库，建设工业化建筑标准化部品数据库专业网络平台等。通过推广应用装配式建筑标准化部品部件库，可以发挥大数据、建筑信息模型和物联网等信息化技术优势，在项目建设期，优化建设资源配置，减少资源和能源消耗；在项目运维阶段，通过部品库可以实现关键部品的可替换和质量追溯，提升工业化建筑的综合质量和品质 。

4. 基于 BIM 的信息化管理

以 BIM 模型信息为源头数据导入，可实现 BIM 模型导入、标准 XML 文件导入、EXCEL 文件导入、手工录入四种模式进行数据导入。在预制混凝土构件生产过程中，对预制混凝土构件的生产进度、质量和成本进行精准控制，保障构件高质高效地生产，并可以实时获取装配进度，反馈到生产管理平台。产业工人基本上只需在各个场景使用 PDA 扫码枪对构件唯一标识的二维码进行扫描，即可完成操作。

本书以住房和城乡建设部科技与产业化发展中心开发建设的“装配式建筑产业信息服务平台”为例进行介绍。为方便教学使用，山东百库教育科技有限公司在原有的“装配式建筑产业信息服务平台”的基础上增设了案例、视频、动画等教学资源，研发出更适合高校师生使用的“e 筑装配式建筑全产业链信息化管理实训平台”(简称 e 筑)。e 筑包含装配式建筑识图与深化设计实训系统、装配式建筑部品部件生产管理实训系统、装配式建筑工程项目管理实训系统，能够实现装配式建筑从设计、生产、施工到运营、维护等全过程的信息化管理。

下面以某装配式剪力墙结构(标准层)为例，介绍如何进行科学、高效的生产管理。

7.1 BIM 模型的建立

本项目为某装配式剪力墙结构(标准层)，如图 7.4 所示，共 39 个部品部件。详细的工程概况略。在识读完该施工图纸后，可利用 Revit 软件进行预制混凝土构件库的创建。

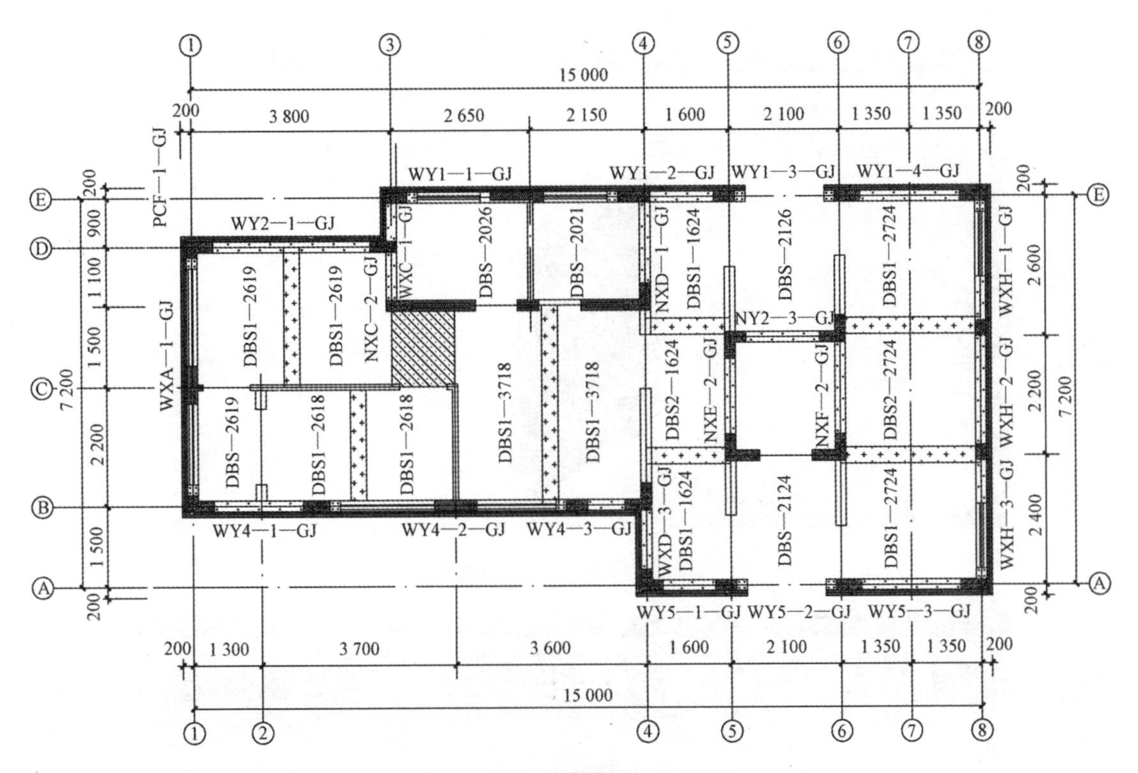

图 7.4　某剪力墙结构标准层图纸

7.1.1　Revit 模型的建立

打开 Revit 模型，创建叠合板、剪力墙等单个预制混凝土构件，单个预制混凝土构件创建完成后，进行该标准层的组装。图 7.5 所示为外墙板的 Revit 模型，图 7.6 所示为内墙板的 Revit 模型，图 7.7、图 7.8 所示为叠合板的 Revit 模型，图 7.9 所示为标准层的 Revit 模型。

图 7.5　外墙板的 Revit 模型

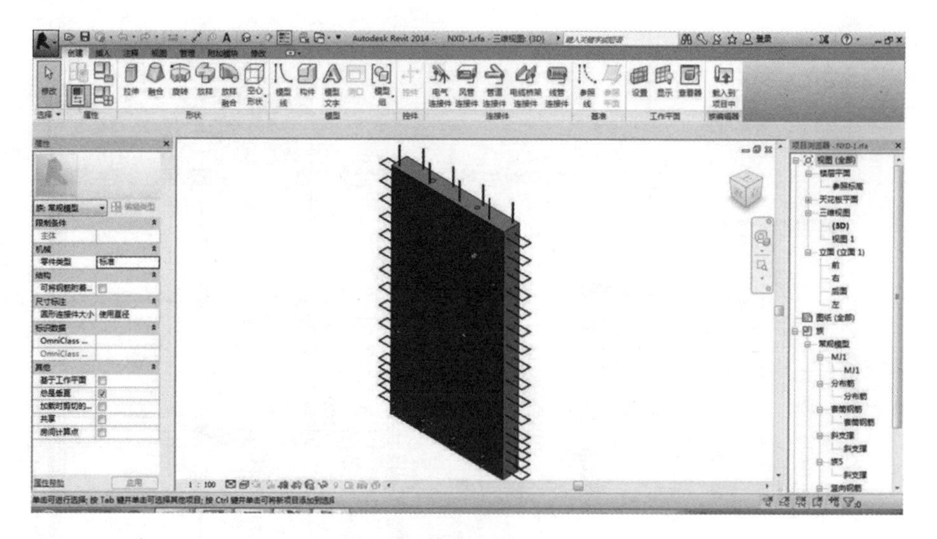

图 7.6　内墙板的 Revit 模型

图 7.7　叠合板的 Revit 模型(一)

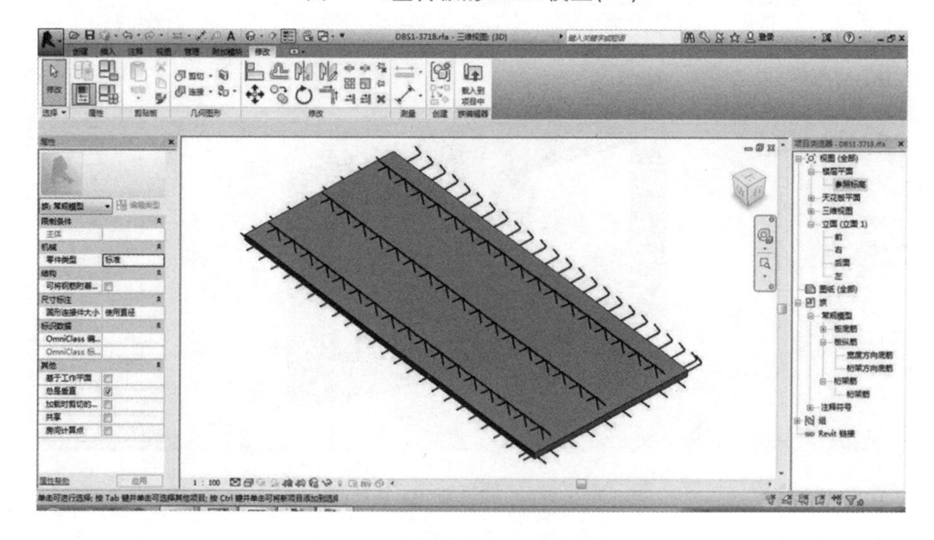

图 7.8　叠合板的 Revit 模型(二)

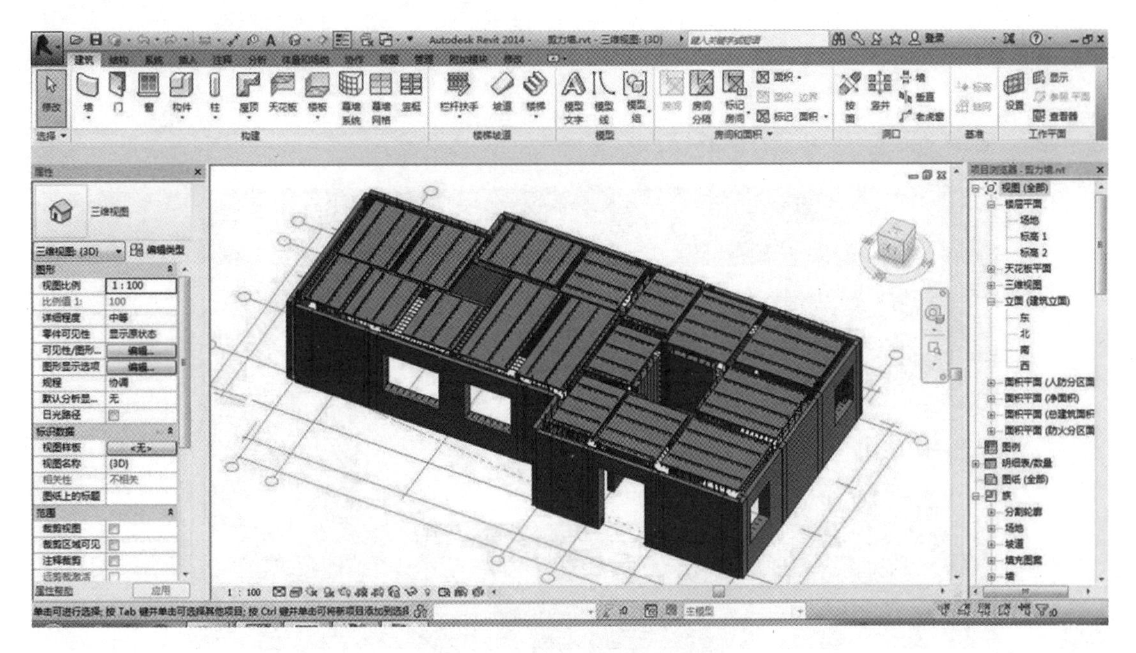

图 7.9　标准层的 Revit 模型

7.1.2　BIM 模型轻量化

打开 e 筑 BIM，将 Revit 模型导入 BIM 中，利用 BIM 中模型轻量化的功能，对该标准层的 Revit 模型进行轻量化，待模型轻量化完成后，即可下载该 BIM 模型，并利用 BIM 打开模型，如图 7.10～图 7.12 所示。

图 7.10　模型轻量化

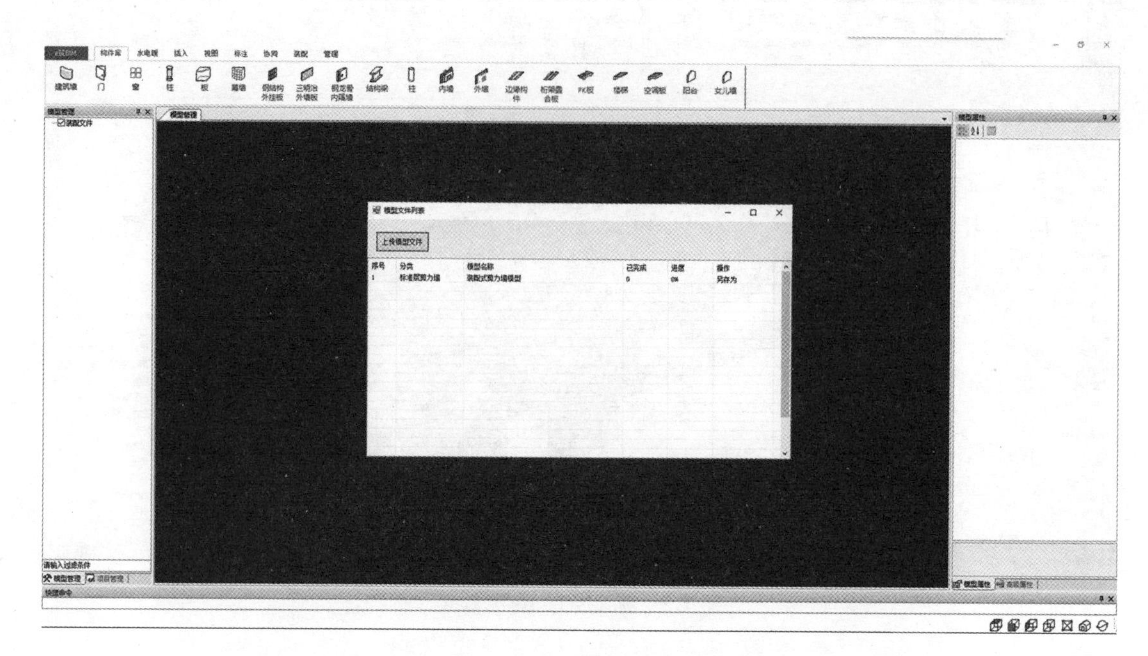

图 7.11　上传 Revit 模型

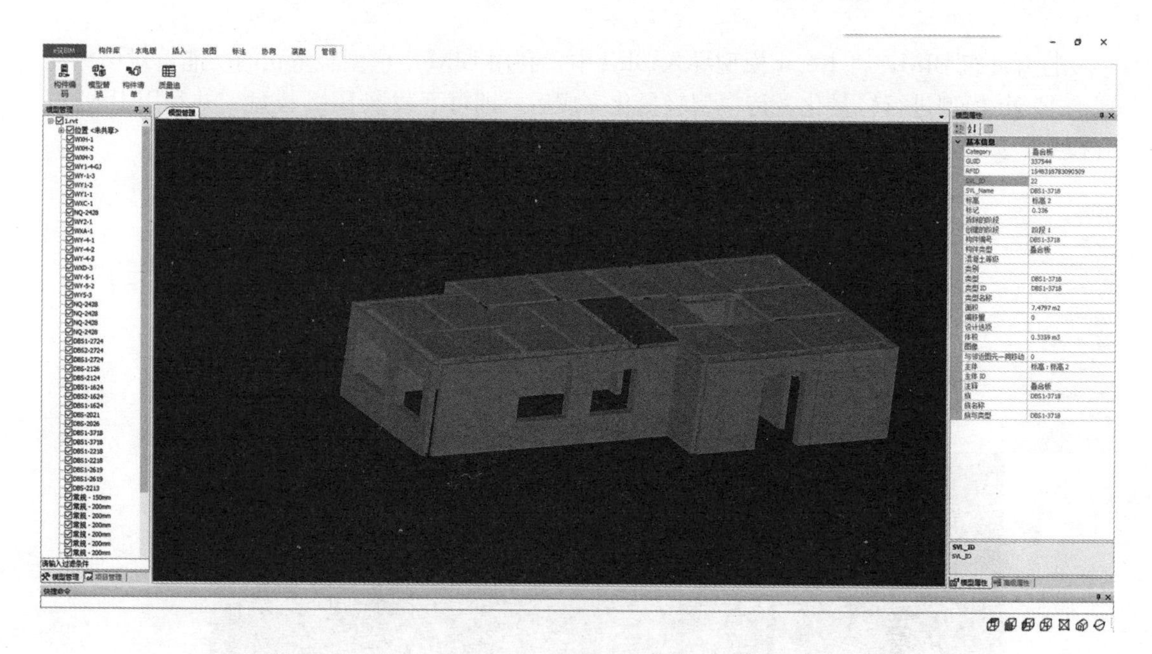

图 7.12　轻量化后的模型

7.1.3 BIM 模型生成订单

在 BIM 中打开模型后，对轻量化完成后的 BIM 模型进行赋码、生成订单，此处的订单信息即可链接到装配式建筑部品部件生产管理系统中，如图 7.13～图 7.15 所示。

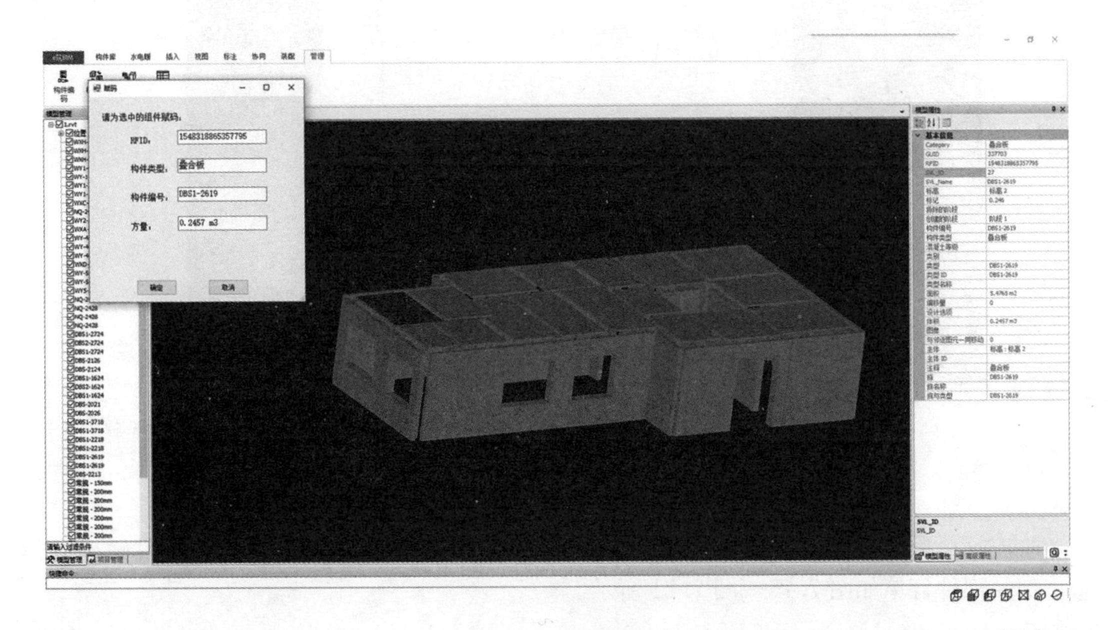

图 7.13 构件赋码

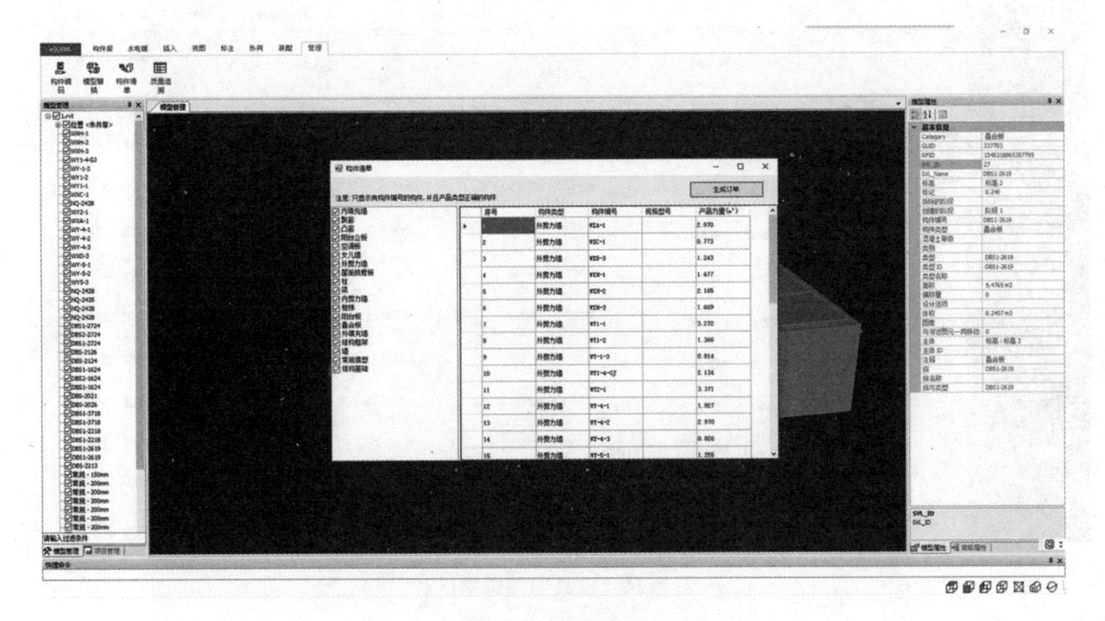

图 7.14 构件清单

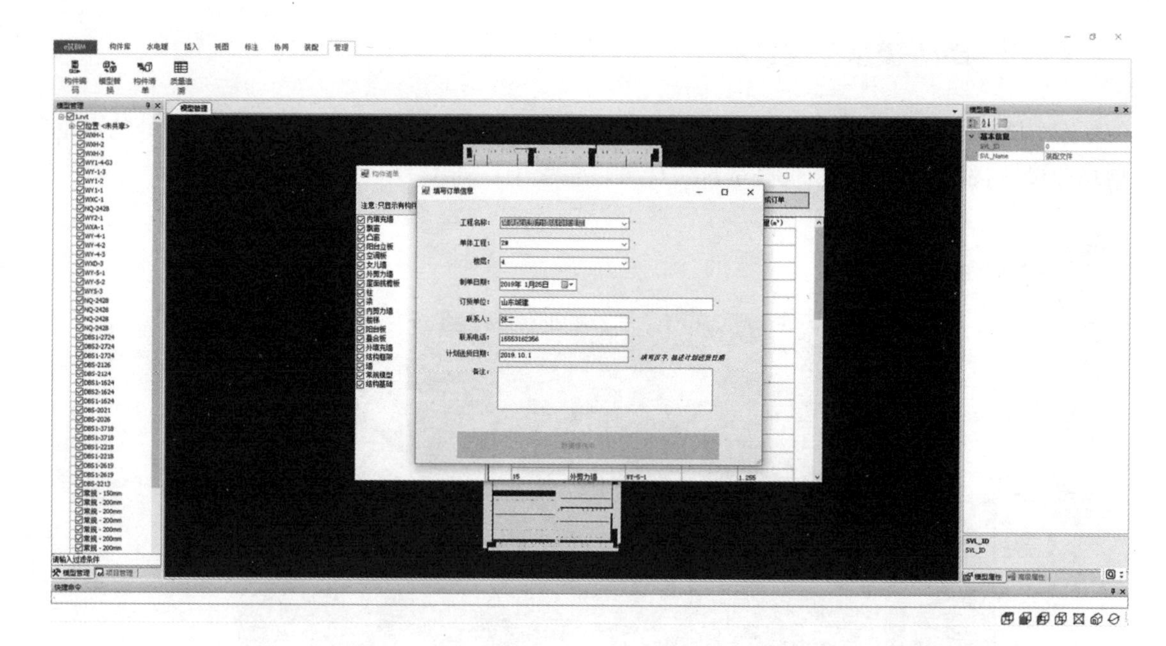

图 7.15　生成订单

生成订单后，在装配式建筑部品部件生产管理系统中即可追溯到订单及构件赋码的信息。部品部件订单如图 7.16～图 7.21 所示。

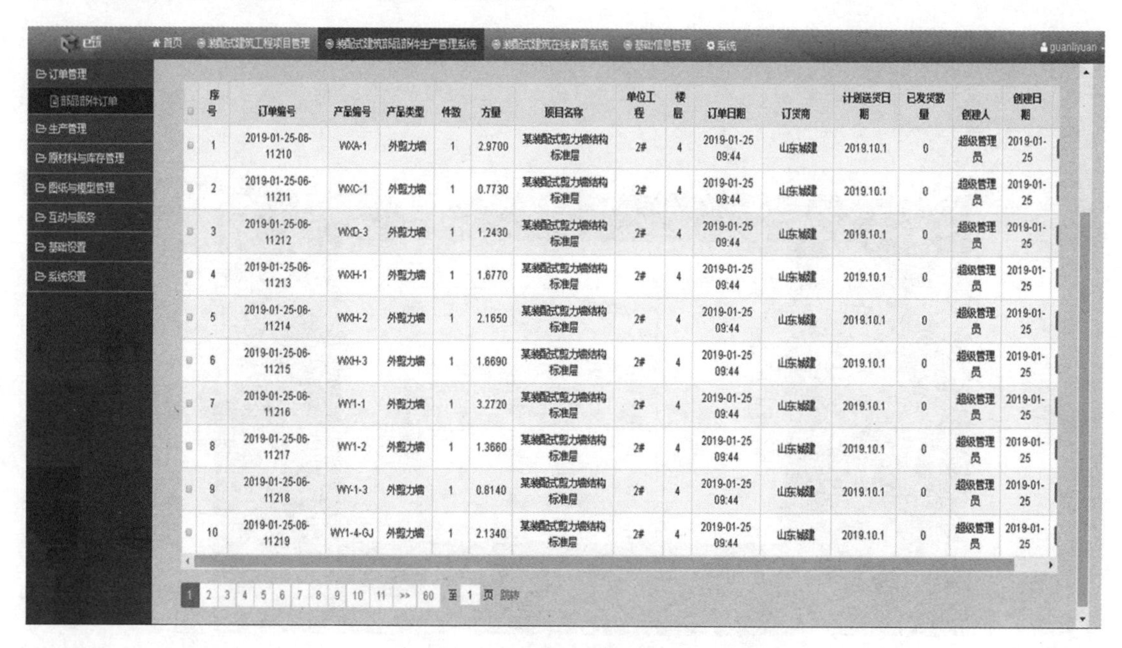

序号	订单编号	产品编号	产品类型	件数	方量	项目名称	单位工程	楼层	订单日期	订货商	计划送货日期	已发货数量	创建人	创建日期
1	2019-01-25-06-11210	WXA-1	外剪力墙	1	2.9700	某装配式剪力墙结构标准层	2#	4	2019-01-25 09:44	山东城建	2019.10.1	0	超级管理员	2019-01-25
2	2019-01-25-06-11211	WXC-1	外剪力墙	1	0.7730	某装配式剪力墙结构标准层	2#	4	2019-01-25 09:44	山东城建	2019.10.1	0	超级管理员	2019-01-25
3	2019-01-25-06-11212	WXD-3	外剪力墙	1	1.2430	某装配式剪力墙结构标准层	2#	4	2019-01-25 09:44	山东城建	2019.10.1	0	超级管理员	2019-01-25
4	2019-01-25-06-11213	WXH-1	外剪力墙	1	1.6770	某装配式剪力墙结构标准层	2#	4	2019-01-25 09:44	山东城建	2019.10.1	0	超级管理员	2019-01-25
5	2019-01-25-06-11214	WXH-2	外剪力墙	1	2.1650	某装配式剪力墙结构标准层	2#	4	2019-01-25 09:44	山东城建	2019.10.1	0	超级管理员	2019-01-25
6	2019-01-25-06-11215	WXH-3	外剪力墙	1	1.6690	某装配式剪力墙结构标准层	2#	4	2019-01-25 09:44	山东城建	2019.10.1	0	超级管理员	2019-01-25
7	2019-01-25-06-11216	WY1-1	外剪力墙	1	3.2720	某装配式剪力墙结构标准层	2#	4	2019-01-25 09:44	山东城建	2019.10.1	0	超级管理员	2019-01-25
8	2019-01-25-06-11217	WY1-2	外剪力墙	1	1.3660	某装配式剪力墙结构标准层	2#	4	2019-01-25 09:44	山东城建	2019.10.1	0	超级管理员	2019-01-25
9	2019-01-25-06-11218	WY-1-3	外剪力墙	1	0.8140	某装配式剪力墙结构标准层	2#	4	2019-01-25 09:44	山东城建	2019.10.1	0	超级管理员	2019-01-25
10	2019-01-25-06-11219	WY1-4-GJ	外剪力墙	1	2.1340	某装配式剪力墙结构标准层	2#	4	2019-01-25 09:44	山东城建	2019.10.1	0	超级管理员	2019-01-25

图 7.16　部品部件订单(一)

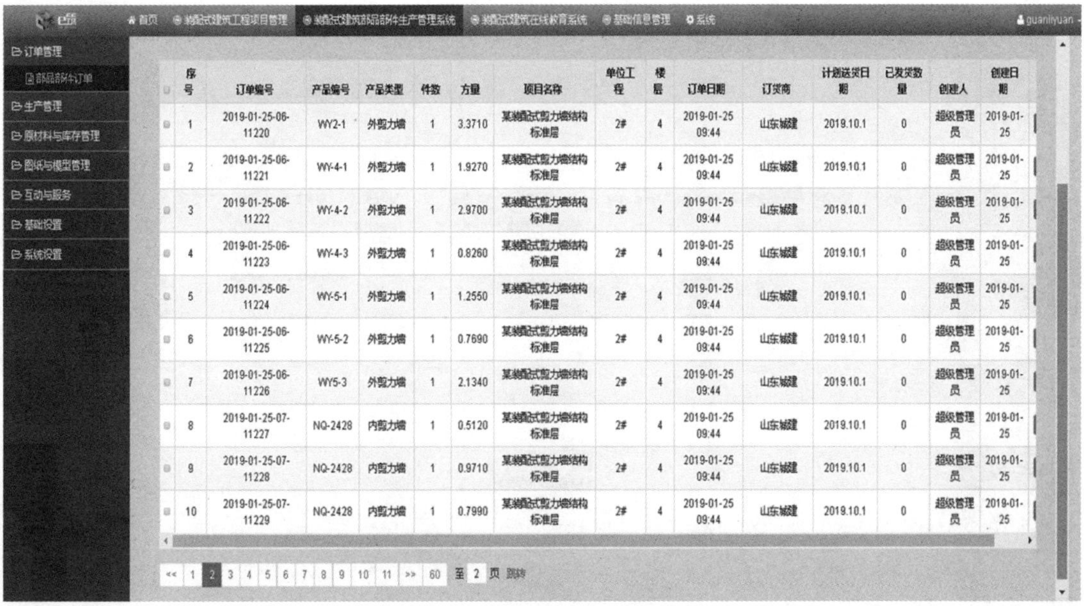
首页
装配式建筑工程项目管理
装配式建筑部品部件生产管理系统
装配式建筑在线教育系统
基础信息管理
系统
guanliyuan
订单管理
部品部件订单
生产管理
原材料与库存管理
图纸与模型管理
互动与服务
基础设置
系统设置
序号 订单编号 产品编号 产品类型 件数 方量 项目名称 单位工程 楼层 订单日期 订货商 计划送货日期 已发货数量 创建人 创建日期
1 2019-01-25-06-11220 WY2-1 外剪力墙 1 3.3710 某装配式剪力墙结构标准层 2# 4 2019-01-25 09:44 山东城建 2019.10.1 0 超级管理员 2019-01-25
2 2019-01-25-06-11221 WY-4-1 外剪力墙 1 1.9270 某装配式剪力墙结构标准层 2# 4 2019-01-25 09:44 山东城建 2019.10.1 0 超级管理员 2019-01-25
3 2019-01-25-06-11222 WY-4-2 外剪力墙 1 2.9700 某装配式剪力墙结构标准层 2# 4 2019-01-25 09:44 山东城建 2019.10.1 0 超级管理员 2019-01-25
4 2019-01-25-06-11223 WY-4-3 外剪力墙 1 0.8260 某装配式剪力墙结构标准层 2# 4 2019-01-25 09:44 山东城建 2019.10.1 0 超级管理员 2019-01-25
5 2019-01-25-06-11224 WY-5-1 外剪力墙 1 1.2550 某装配式剪力墙结构标准层 2# 4 2019-01-25 09:44 山东城建 2019.10.1 0 超级管理员 2019-01-25
6 2019-01-25-06-11225 WY-5-2 外剪力墙 1 0.7690 某装配式剪力墙结构标准层 2# 4 2019-01-25 09:44 山东城建 2019.10.1 0 超级管理员 2019-01-25
7 2019-01-25-06-11226 WY5-3 外剪力墙 1 2.1340 某装配式剪力墙结构标准层 2# 4 2019-01-25 09:44 山东城建 2019.10.1 0 超级管理员 2019-01-25
8 2019-01-25-07-11227 NQ-2428 内剪力墙 1 0.5120 某装配式剪力墙结构标准层 2# 4 2019-01-25 09:44 山东城建 2019.10.1 0 超级管理员 2019-01-25
9 2019-01-25-07-11228 NQ-2428 内剪力墙 1 0.9710 某装配式剪力墙结构标准层 2# 4 2019-01-25 09:44 山东城建 2019.10.1 0 超级管理员 2019-01-25
10 2019-01-25-07-11229 NQ-2428 内剪力墙 1 0.7990 某装配式剪力墙结构标准层 2# 4 2019-01-25 09:44 山东城建 2019.10.1 0 超级管理员 2019-01-25
<< 1 2 3 4 5 6 7 8 9 10 11 >> 60 至 2 页 跳转

图 7.17　部品部件订单(二)

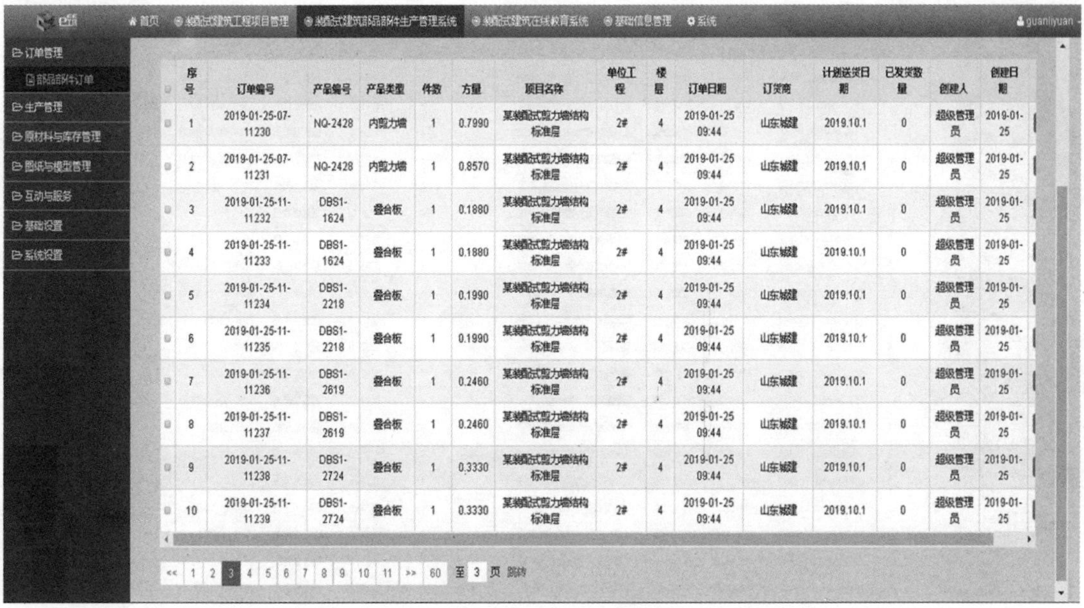
首页
装配式建筑工程项目管理
装配式建筑部品部件生产管理系统
装配式建筑在线教育系统
基础信息管理
系统
guanliyuan
订单管理
部品部件订单
生产管理
原材料与库存管理
图纸与模型管理
互动与服务
基础设置
系统设置
序号 订单编号 产品编号 产品类型 件数 方量 项目名称 单位工程 楼层 订单日期 订货商 计划送货日期 已发货数量 创建人 创建日期
1 2019-01-25-07-11230 NQ-2428 内剪力墙 1 0.7990 某装配式剪力墙结构标准层 2# 4 2019-01-25 09:44 山东城建 2019.10.1 0 超级管理员 2019-01-25
2 2019-01-25-07-11231 NQ-2428 内剪力墙 1 0.8570 某装配式剪力墙结构标准层 2# 4 2019-01-25 09:44 山东城建 2019.10.1 0 超级管理员 2019-01-25
3 2019-01-25-11-11232 DBS1-1624 叠合板 1 0.1880 某装配式剪力墙结构标准层 2# 4 2019-01-25 09:44 山东城建 2019.10.1 0 超级管理员 2019-01-25
4 2019-01-25-11-11233 DBS1-1624 叠合板 1 0.1880 某装配式剪力墙结构标准层 2# 4 2019-01-25 09:44 山东城建 2019.10.1 0 超级管理员 2019-01-25
5 2019-01-25-11-11234 DBS1-2218 叠合板 1 0.1990 某装配式剪力墙结构标准层 2# 4 2019-01-25 09:44 山东城建 2019.10.1 0 超级管理员 2019-01-25
6 2019-01-25-11-11235 DBS1-2218 叠合板 1 0.1990 某装配式剪力墙结构标准层 2# 4 2019-01-25 09:44 山东城建 2019.10.1 0 超级管理员 2019-01-25
7 2019-01-25-11-11236 DBS1-2619 叠合板 1 0.2460 某装配式剪力墙结构标准层 2# 4 2019-01-25 09:44 山东城建 2019.10.1 0 超级管理员 2019-01-25
8 2019-01-25-11-11237 DBS1-2619 叠合板 1 0.2460 某装配式剪力墙结构标准层 2# 4 2019-01-25 09:44 山东城建 2019.10.1 0 超级管理员 2019-01-25
9 2019-01-25-11-11238 DBS1-2724 叠合板 1 0.3330 某装配式剪力墙结构标准层 2# 4 2019-01-25 09:44 山东城建 2019.10.1 0 超级管理员 2019-01-25
10 2019-01-25-11-11239 DBS1-2724 叠合板 1 0.3330 某装配式剪力墙结构标准层 2# 4 2019-01-25 09:44 山东城建 2019.10.1 0 超级管理员 2019-01-25
<< 1 2 3 4 5 6 7 8 9 10 11 >> 60 至 3 页 跳转

图 7.18　部品部件订单(三)

序号	订单编号	产品编号	产品类型	件数	方量	项目名称	单位工程	楼层	订单日期	订货商	计划送货日期	已发货数量	创建人	创建日期
1	2019-01-25-11-11240	DBS1-3718	叠合板	1	0.3360	某装配式剪力墙结构标准层	2#	4	2019-01-25 09:44	山东城建	2019.10.1	0	超级管理员	2019-01-25
2	2019-01-25-11-11241	DBS1-3718	叠合板	1	0.3360	某装配式剪力墙结构标准层	2#	4	2019-01-25 09:44	山东城建	2019.10.1	0	超级管理员	2019-01-25
3	2019-01-25-11-11242	DBS-2021	叠合板	1	0.2190	某装配式剪力墙结构标准层	2#	4	2019-01-25 09:44	山东城建	2019.10.1	0	超级管理员	2019-01-25
4	2019-01-25-11-11243	DBS-2026	叠合板	1	0.2740	某装配式剪力墙结构标准层	2#	4	2019-01-25 09:44	山东城建	2019.10.1	0	超级管理员	2019-01-25
5	2019-01-25-11-11244	DBS-2124	叠合板	1	0.2600	某装配式剪力墙结构标准层	2#	4	2019-01-25 09:44	山东城建	2019.10.1	0	超级管理员	2019-01-25
6	2019-01-25-11-11245	DBS-2126	叠合板	1	0.2840	某装配式剪力墙结构标准层	2#	4	2019-01-25 09:44	山东城建	2019.10.1	0	超级管理员	2019-01-25
7	2019-01-25-11-11246	DBS2-1624	叠合板	1	0.1830	某装配式剪力墙结构标准层	2#	4	2019-01-25 09:44	山东城建	2019.10.1	0	超级管理员	2019-01-25
8	2019-01-25-11-11247	DBS-2213	叠合板	1	0.1380	某装配式剪力墙结构标准层	2#	4	2019-01-25 09:44	山东城建	2019.10.1	0	超级管理员	2019-01-25
9	2019-01-25-11-11248	DBS2-2724	叠合板	1	0.3240	某装配式剪力墙结构标准层	2#	4	2019-01-25 09:44	山东城建	2019.10.1	0	超级管理员	2019-01-25

图 7.19　部品部件订单(四)

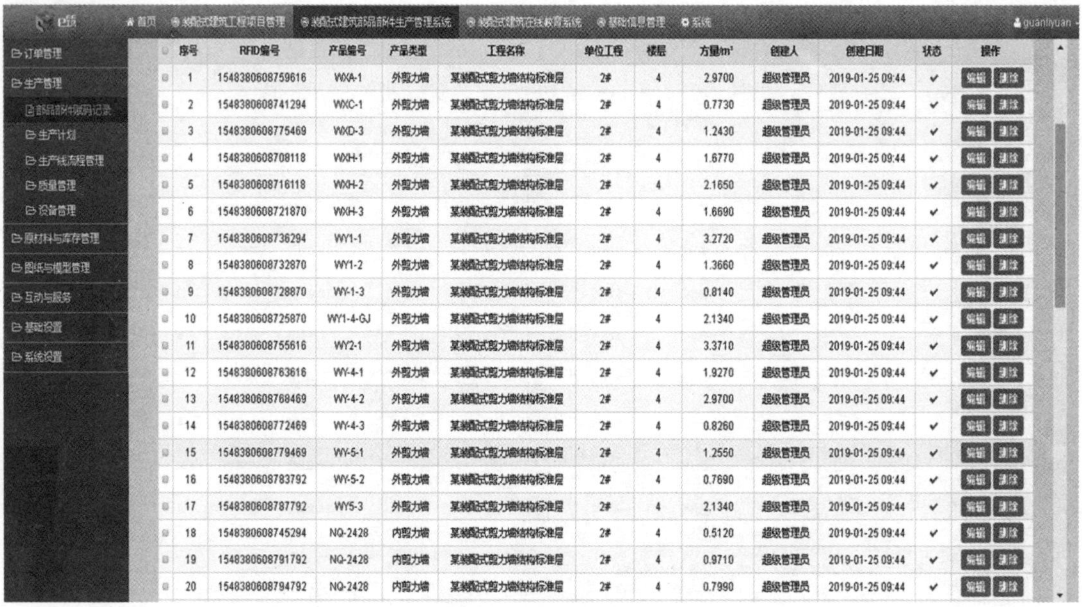

序号	RFID编号	产品编号	产品类型	工程名称	单位工程	楼层	方量/m³	创建人	创建日期	状态	操作
1	1548380608759616	WXA-1	外剪力墙	某装配式剪力墙结构标准层	2#	4	2.9700	超级管理员	2019-01-25 09:44	✔	编辑 删除
2	1548380608741294	WXC-1	外剪力墙	某装配式剪力墙结构标准层	2#	4	0.7730	超级管理员	2019-01-25 09:44	✔	编辑 删除
3	1548380608775469	WXD-3	外剪力墙	某装配式剪力墙结构标准层	2#	4	1.2430	超级管理员	2019-01-25 09:44	✔	编辑 删除
4	1548380608708118	WXH-1	外剪力墙	某装配式剪力墙结构标准层	2#	4	1.6770	超级管理员	2019-01-25 09:44	✔	编辑 删除
5	1548380608716118	WXH-2	外剪力墙	某装配式剪力墙结构标准层	2#	4	2.1650	超级管理员	2019-01-25 09:44	✔	编辑 删除
6	1548380608721870	WXH-3	外剪力墙	某装配式剪力墙结构标准层	2#	4	1.6690	超级管理员	2019-01-25 09:44	✔	编辑 删除
7	1548380608736294	WY1-1	外剪力墙	某装配式剪力墙结构标准层	2#	4	3.2720	超级管理员	2019-01-25 09:44	✔	编辑 删除
8	1548380608732870	WY1-2	外剪力墙	某装配式剪力墙结构标准层	2#	4	1.3660	超级管理员	2019-01-25 09:44	✔	编辑 删除
9	1548380608728870	WY-1-3	外剪力墙	某装配式剪力墙结构标准层	2#	4	0.8140	超级管理员	2019-01-25 09:44	✔	编辑 删除
10	1548380608725870	WY1-4-GJ	外剪力墙	某装配式剪力墙结构标准层	2#	4	2.1340	超级管理员	2019-01-25 09:44	✔	编辑 删除
11	1548380608755616	WY2-1	外剪力墙	某装配式剪力墙结构标准层	2#	4	3.3710	超级管理员	2019-01-25 09:44	✔	编辑 删除
12	1548380608763616	WY-4-1	外剪力墙	某装配式剪力墙结构标准层	2#	4	1.9270	超级管理员	2019-01-25 09:44	✔	编辑 删除
13	1548380608768469	WY-4-2	外剪力墙	某装配式剪力墙结构标准层	2#	4	2.9700	超级管理员	2019-01-25 09:44	✔	编辑 删除
14	1548380608772469	WY-4-3	外剪力墙	某装配式剪力墙结构标准层	2#	4	0.8260	超级管理员	2019-01-25 09:44	✔	编辑 删除
15	1548380608779469	WY-5-1	外剪力墙	某装配式剪力墙结构标准层	2#	4	1.2550	超级管理员	2019-01-25 09:44	✔	编辑 删除
16	1548380608783792	WY-5-2	外剪力墙	某装配式剪力墙结构标准层	2#	4	0.7690	超级管理员	2019-01-25 09:44	✔	编辑 删除
17	1548380608787792	WY5-3	外剪力墙	某装配式剪力墙结构标准层	2#	4	2.1340	超级管理员	2019-01-25 09:44	✔	编辑 删除
18	1548380608745294	NQ-2428	内剪力墙	某装配式剪力墙结构标准层	2#	4	0.5120	超级管理员	2019-01-25 09:44	✔	编辑 删除
19	1548380608791792	NQ-2428	内剪力墙	某装配式剪力墙结构标准层	2#	4	0.9710	超级管理员	2019-01-25 09:44	✔	编辑 删除
20	1548380608794792	NQ-2428	内剪力墙	某装配式剪力墙结构标准层	2#	4	0.7990	超级管理员	2019-01-25 09:44	✔	编辑 删除

图 7.20　部品部件赋码记录(一)

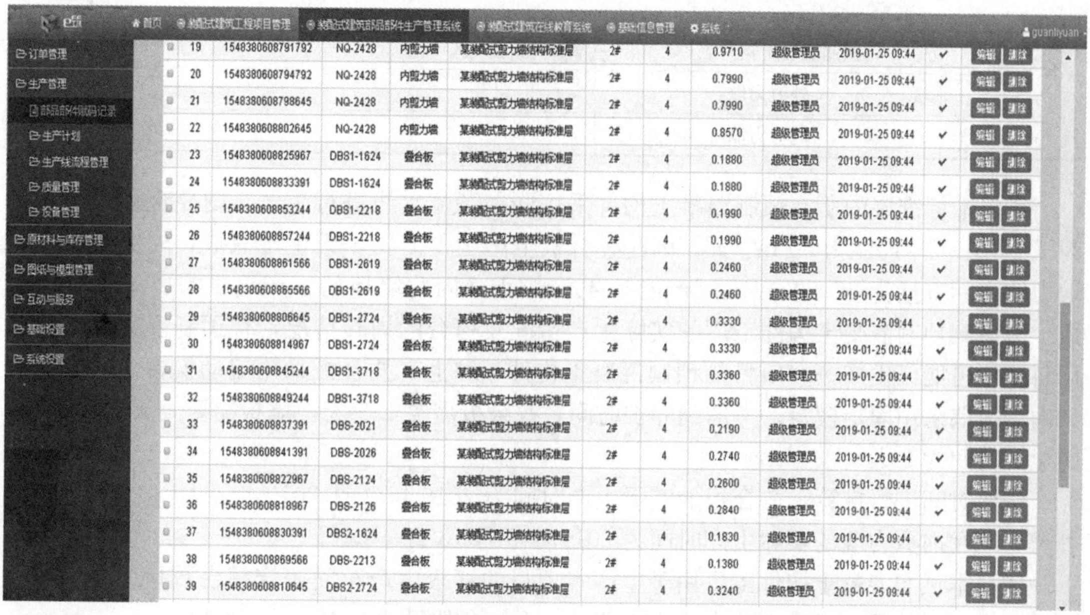

19	1548380608791792	NQ-2428	内剪力墙	某装配式剪力墙结构标准层	2#	4	0.9710	超级管理员	2019-01-25 09:44	✔	编辑 删除
20	1548380608794792	NQ-2428	内剪力墙	某装配式剪力墙结构标准层	2#	4	0.7990	超级管理员	2019-01-25 09:44	✔	编辑 删除
21	1548380608798645	NQ-2428	内剪力墙	某装配式剪力墙结构标准层	2#	4	0.7990	超级管理员	2019-01-25 09:44	✔	编辑 删除
22	1548380608802645	NQ-2428	内剪力墙	某装配式剪力墙结构标准层	2#	4	0.8570	超级管理员	2019-01-25 09:44	✔	编辑 删除
23	1548380608825967	DBS1-1624	叠合板	某装配式剪力墙结构标准层	2#	4	0.1880	超级管理员	2019-01-25 09:44	✔	编辑 删除
24	1548380608833391	DBS1-1624	叠合板	某装配式剪力墙结构标准层	2#	4	0.1880	超级管理员	2019-01-25 09:44	✔	编辑 删除
25	1548380608853244	DBS1-2218	叠合板	某装配式剪力墙结构标准层	2#	4	0.1990	超级管理员	2019-01-25 09:44	✔	编辑 删除
26	1548380608857244	DBS1-2218	叠合板	某装配式剪力墙结构标准层	2#	4	0.1990	超级管理员	2019-01-25 09:44	✔	编辑 删除
27	1548380608861566	DBS1-2619	叠合板	某装配式剪力墙结构标准层	2#	4	0.2460	超级管理员	2019-01-25 09:44	✔	编辑 删除
28	1548380608865566	DBS1-2619	叠合板	某装配式剪力墙结构标准层	2#	4	0.2460	超级管理员	2019-01-25 09:44	✔	编辑 删除
29	1548380608806645	DBS1-2724	叠合板	某装配式剪力墙结构标准层	2#	4	0.3330	超级管理员	2019-01-25 09:44	✔	编辑 删除
30	1548380608814967	DBS1-2724	叠合板	某装配式剪力墙结构标准层	2#	4	0.3330	超级管理员	2019-01-25 09:44	✔	编辑 删除
31	1548380608845244	DBS1-3718	叠合板	某装配式剪力墙结构标准层	2#	4	0.3360	超级管理员	2019-01-25 09:44	✔	编辑 删除
32	1548380608849244	DBS1-3718	叠合板	某装配式剪力墙结构标准层	2#	4	0.3360	超级管理员	2019-01-25 09:44	✔	编辑 删除
33	1548380608837391	DBS-2021	叠合板	某装配式剪力墙结构标准层	2#	4	0.2190	超级管理员	2019-01-25 09:44	✔	编辑 删除
34	1548380608841391	DBS-2026	叠合板	某装配式剪力墙结构标准层	2#	4	0.2740	超级管理员	2019-01-25 09:44	✔	编辑 删除
35	1548380608822967	DBS-2124	叠合板	某装配式剪力墙结构标准层	2#	4	0.2600	超级管理员	2019-01-25 09:44	✔	编辑 删除
36	1548380608818967	DBS-2126	叠合板	某装配式剪力墙结构标准层	2#	4	0.2840	超级管理员	2019-01-25 09:44	✔	编辑 删除
37	1548380608830391	DBS2-1624	叠合板	某装配式剪力墙结构标准层	2#	4	0.1830	超级管理员	2019-01-25 09:44	✔	编辑 删除
38	1548380608869566	DBS-2213	叠合板	某装配式剪力墙结构标准层	2#	4	0.1380	超级管理员	2019-01-25 09:44	✔	编辑 删除
39	1548380608810645	DBS2-2724	叠合板	某装配式剪力墙结构标准层	2#	4	0.3240	超级管理员	2019-01-25 09:44	✔	编辑 删除

图 7.21　部品部件赋码记录(二)

7.2　订单及赋码管理

为保证预制混凝土构件质量的可追溯性，在 BIM 中可对模型进行赋码及订单的生成，并且可以直接链接到订单管理模块的部品部件订单和生产管理模块的部品部件赋码记录中。

详细的订单及赋码信息如图 7.16～图 7.21 所示。

7.3　生产计划

生产单位接收到订单后，结合施工单位的施工计划，进行生产计划的安排。

本项目该标准层的计划送货时间为 2019 年 10 月 1 日，按照供货合同要求预制混凝土构件需要在此日期前至少提前一周生产出来，所以所有预制混凝土构件最晚需要在 2019 年 9 月 23 日前生产出来。

预制混凝土构件通常按照块数和几何形状进行排产，但也应考虑预制混凝土构件工厂的实际生产能力，假定叠合板每天的生产能力为 30 m^3，墙板每天的生产能力为 40 m^3。按照部品部件订单中方量信息进行统计，本标准层共 39 个部品部件，包括叠合板、外剪力墙和内剪力墙三种预制混凝土构件，具体预制混凝土构件的方量见表 7.1。

表 7.1　具体预制混凝土构件的方量

序号	预制混凝土构件名称	数量/个	总方量
1	叠合板	17	4.286

续表

序号	预制混凝土构件名称	数量/个	总方量
2	外剪力墙	17	31.335
3	内剪力墙	5	3.938

如果本标准层的所有预制混凝土构件采用同一条流水线进行生产，则叠合板实际方量为4.286，工厂产能为30 m³/天，因此叠合板生产至少需要1天生产完成，外剪力墙和内剪力墙实际方量为35.273，工厂产能为40 m³/天，因此墙板的生产至少需要2天生产完成。考虑到预制混凝土构件工厂的实际生产情况及模台的周转情况，且预制混凝土构件工厂每天不可能仅生产一个项目的预制混凝土构件，综上，叠合板采用流动模台，外剪力墙和内剪力墙采用固定模台。考虑到养护时间，叠合板需要1.5天，墙板需要8天(一块墙板的生产时间为2天)。

按照时间进行推算，叠合板的实际生产时间为2019年9月2019年9月22日—23日，外剪力墙和内剪力墙的实际生产时间为2019年9月15日—23日。

注：本预制混凝土构件工厂用于生产本项目的墙板生产车间固定模台数量为3个，叠合板生产车间的叠合板生产流水线为1条，每个模台的尺寸为4 m×9 m。

7.3.1 生产总计划

按照上述预制混凝土构件的生产计划进行推算后，可以得到每类预制混凝土构件具体的生产总计划，将计划录入系统。

打开生产管理，单击生产计划，选择生产总计划，单击新增，选择工程名称、单位工程、产品类型，输入件数、方量、计划生产开始日期和计划生产结束日期，输入完成后单击确定。

各类构件的生产总计划如图7.22～图7.25所示。

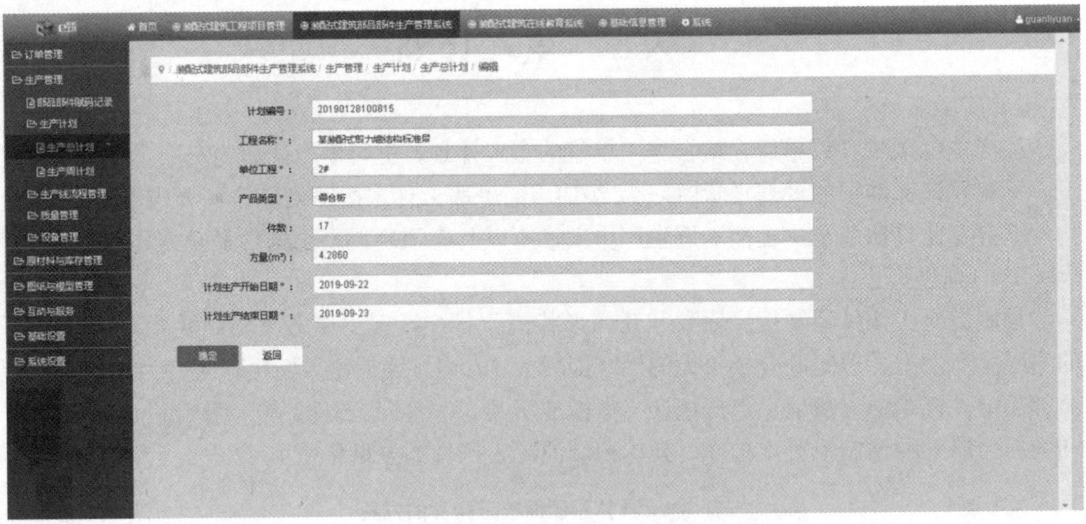

图7.22 叠合板的生产总计划

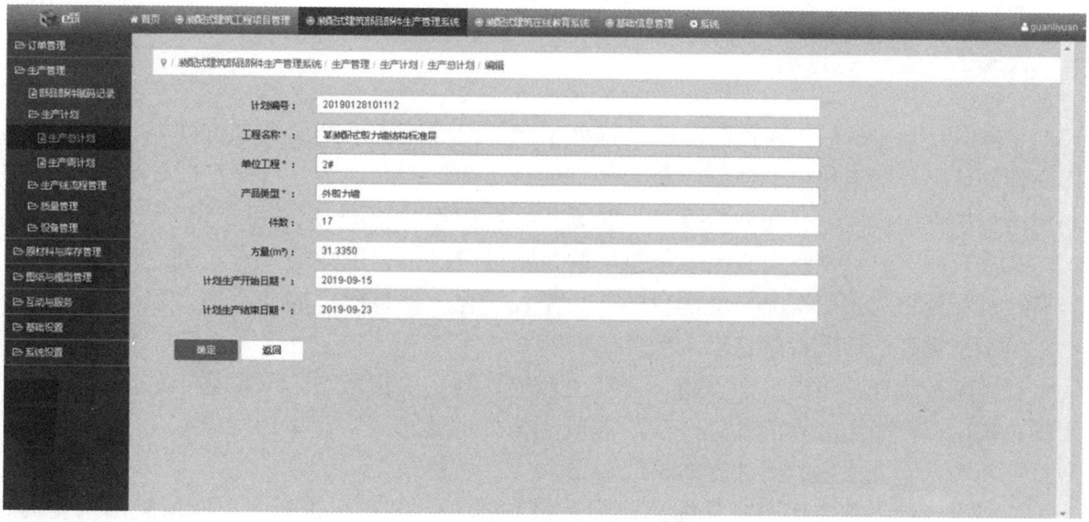

首页　装配式建筑工程项目管理　装配式建筑部品部件生产管理系统　装配式建筑在线教育系统　基础信息管理　系统　guanliyuan

订单管理
生产管理
部品部件赋码记录
生产计划
生产总计划
生产周计划
生产线流程管理
质量管理
设备管理
原材料与库存管理
图纸与模型管理
互动与服务
基础设置
系统设置

装配式建筑部品部件生产管理系统 / 生产管理 / 生产计划 / 生产总计划 / 编辑

计划编号：20190128101112
工程名称*：某装配式剪力墙结构标准层
单位工程*：2#
产品类型*：外剪力墙
件数：17
方量(m³)：31.3350
计划生产开始日期*：2019-09-15
计划生产结束日期*：2019-09-23

确定　返回

图 7.23　外剪力墙的生产总计划

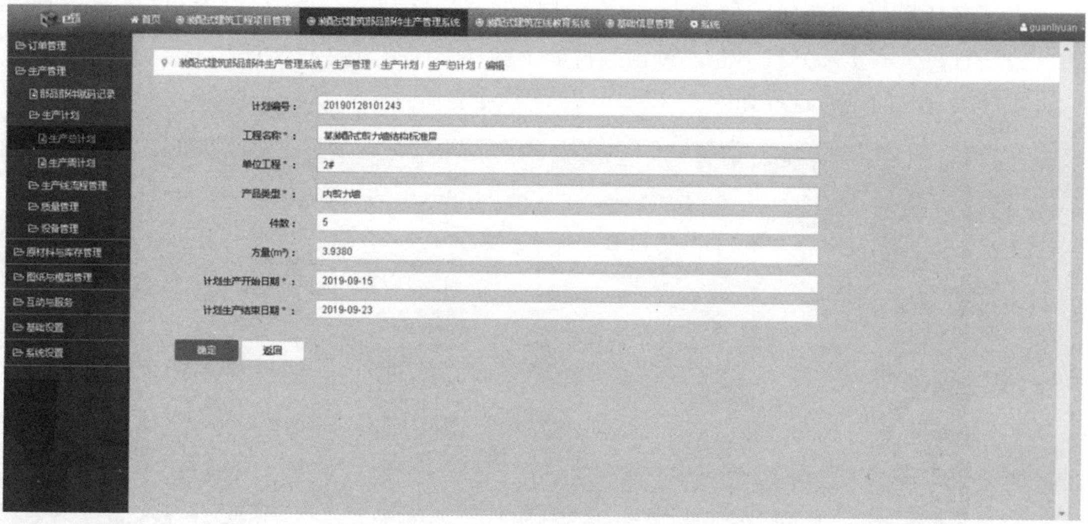

首页　装配式建筑工程项目管理　装配式建筑部品部件生产管理系统　装配式建筑在线教育系统　基础信息管理　系统　guanliyuan

订单管理
生产管理
部品部件赋码记录
生产计划
生产总计划
生产周计划
生产线流程管理
质量管理
设备管理
原材料与库存管理
图纸与模型管理
互动与服务
基础设置
系统设置

装配式建筑部品部件生产管理系统 / 生产管理 / 生产计划 / 生产总计划 / 编辑

计划编号：20190128101243
工程名称*：某装配式剪力墙结构标准层
单位工程*：2#
产品类型*：内剪力墙
件数：5
方量(m³)：3.9380
计划生产开始日期*：2019-09-15
计划生产结束日期*：2019-09-23

确定　返回

图 7.24　内剪力墙的生产总计划

首页　装配式建筑工程项目管理　装配式建筑部品部件生产管理系统　装配式建筑在线教育系统　基础信息管理　系统　guanliyuan

订单管理
生产管理
部品部件赋码记录
生产计划
生产总计划
生产周计划
生产线流程管理
质量管理
设备管理
原材料与库存管理
图纸与模型管理

装配式建筑部品部件生产管理系统 / 生产管理 / 生产计划 / 生产总计划

+新增　删除　导入　下载模板　教学资源　实训任务书　导出

工程名称：请选择工程名　单位工程：请选择单位工　产品类型：请选择产品：　日期范围：选择日期　至：选择日期　搜索

序号	工程名称	单位工程	产品类型	计划件数	计划方量(m³)	入库件数	出库件数	计划生产日期范围	创建人	创建日期	操作
1	某装配式剪力墙结构标准层	2#	内剪力墙	5	3.9380	0	0	2019-09-15至2019-09-23	学校管理员	2019-01-28 10:13	编辑
2	某装配式剪力墙结构标准层	2#	外剪力墙	17	31.3350	0	0	2019-09-15至2019-09-23	学校管理员	2019-01-28 10:12	编辑
3	某装配式剪力墙结构标准层	2#	叠合板	17	4.2860	0	0	2019-09-22至2019-09-23	学校管理员	2019-01-28 10:09	编辑

图 7.25　生产总计划

7.3.2 生产周计划

生产总计划完成后，在预制混凝土构件生产前需要进行生产周计划的安排，此时的生产周计划就会详细到每一个预制混凝土构件的具体生产时间，在进行排产时，需要按照预制混凝土构件的尺寸进行详细的排布，保证模台不浪费，充分利用资源。

在进行排产时，预制混凝土构件工厂的技术员可以根据图纸的要求，进行粗略的手动排产，估算模台的使用情况，使模台的使用率最大化，提高模台的使用率，手动排产完成后，可根据排产的情况将信息录入系统。

打开生产管理，单击生产计划，选择生产周计划，单击新增，可根据工程名称、单位工程、楼层、产品类型等信息进行预制混凝土构件的筛选，选择 RFID 信息，单击安排生产日期，输入，完成生产周计划的排产。

为将生产计划具体到天、具体到模台，清晰排产计划，在进行 RFID 信息的选择时，可以按照每天、每个模台进行选择，只是录入信息相对复杂，但是在进行信息查找时，相对来说比较方便、快捷。

应注意的是，预制混凝土构件工厂内每周生产的项目很多，在进行 RFID 信息的选择时，应注意每天的实际方量不能超过预制混凝土构件工厂每天的生产能力。

生产周计划的排产过程如图 7.26～图 7.28 所示。

图 7.26 选择 RFID 信息

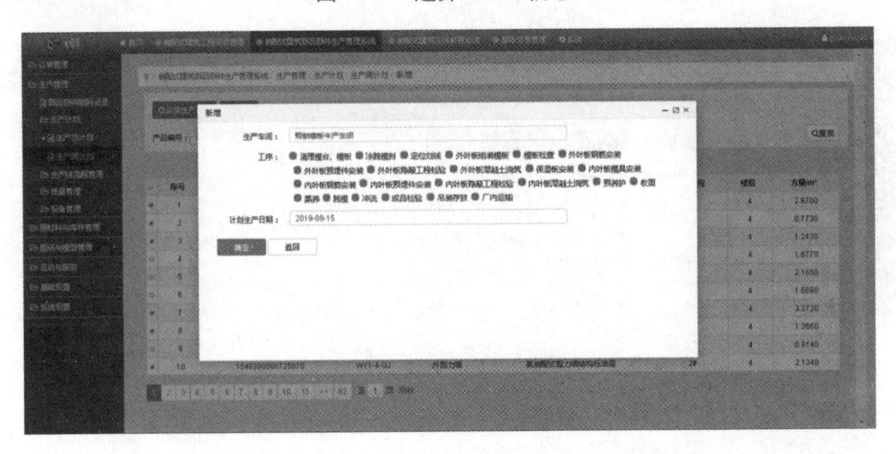

图 7.27 安排生产日期

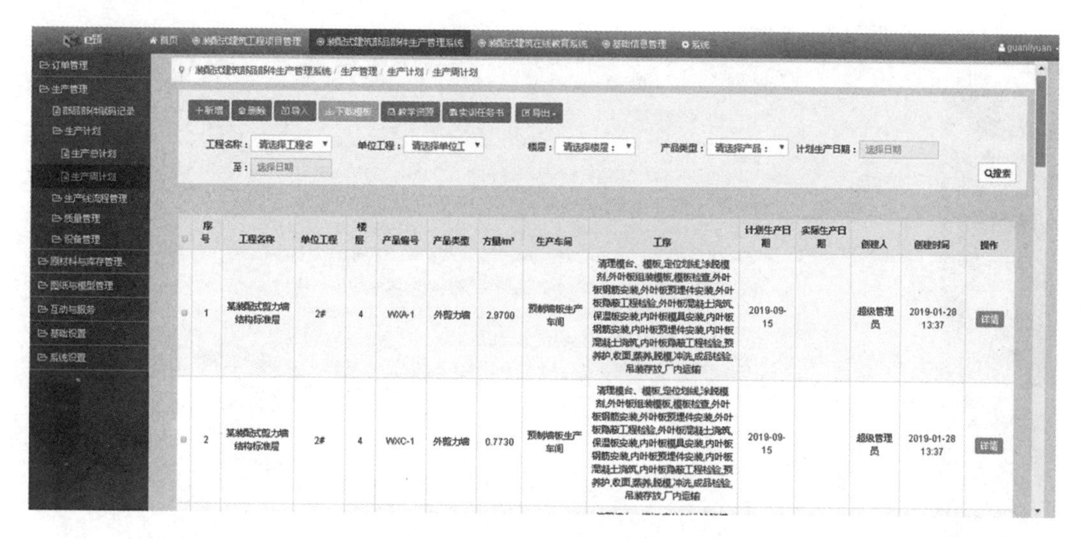

图 7.28 每个构件的生产安排

7.4 前期准备

7.4.1 原材料管理

在预制混凝土构件生产前，预制混凝土构件工厂首先需要根据项目所需进行原材料采购，在进行原材料采购时，预制混凝土构件工厂采购人员需要根据各类原材料的统计数量进行合理采购，并签订采购合同。原材料进厂后，试验室和仓库管理人员需要对进厂的原材料进行数量检验和质量检验，检验合格后，原材料即可入库，填写入库单，原材料入库后需要根据各类原材料的存放要求进行合理存放，避免受潮、污染等造成原材料无法使用，从而造成经济损失。不合格的原材料是不能投入生产使用的，需要将原材料退回给生产厂家。

待原材料需要使用时，原材料领用人需要按照仓库要求，填写出库单，进行原材料的出库。

假定预制混凝土构件厂需要采购 100 t 钢筋，在钢筋进厂后，仓库管理员需要根据采购合同的要求，对进厂钢筋进行分类称重，确保数量、型号准确。试验室对钢筋取样进行屈服强度、抗拉强度、伸长率、外观质量、尺寸偏差和质量偏差检验，确认无误后，方可入库。

为进行科学化、信息化的管理，需要将相关的检验信息、入库信息及出库信息进行存储，可将相关信息及证明材料保存到部品部件生产管理系统中，方便后期查看。

1. 原材料检验

打开生产管理，单击质量管理，选择原材料检验，单击新增，按照系统中的信息对各类原材料的检验信息进行录入。填写检验单编号、检验日期，选择材料类型，填写材料名称、规格型号、批号、检验数量、供应商、生产商、检验结果，在附件处可上传检验报告和产品合格证。

但应注意填写的信息一定要与检验单或原材料厂家提供的产品信息一致，不得有误，确保信息的准确性。

原材料检验如图 7.29 所示。

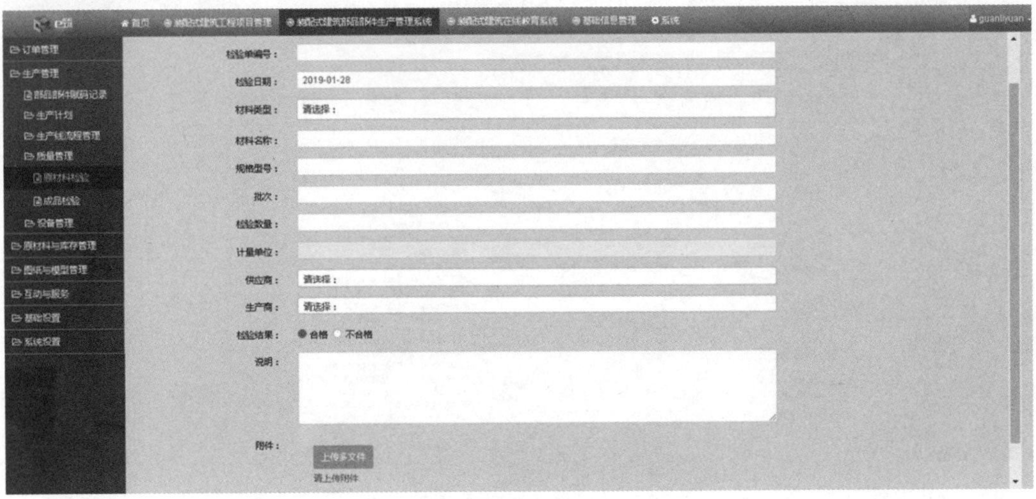

图 7.29　原材料检验

2. 原材料入库

打开原材料与库存管理，单击原材料管理，选择原材料入库，单击新增，按照系统中的信息对各类原材料的入库信息进行录入。填写入库单编号、入库日期，选择材料类型，填写材料名称、规格型号、批号、入库数量、计量单位、供应商、生产商，在附件处可上传入库单和产品合格证。

原材料入库如图 7.30 所示。

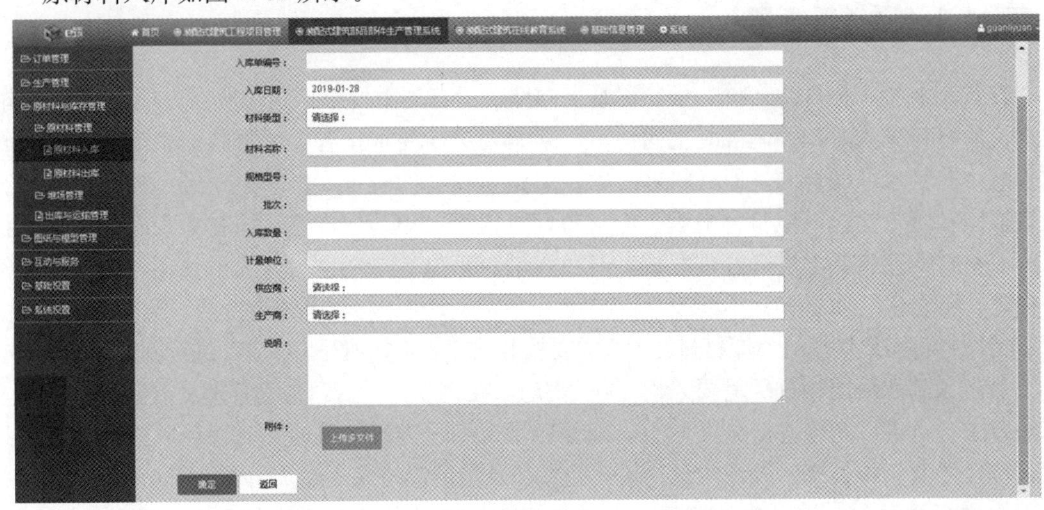

图 7.30　原材料入库

3. 原材料出库

打开原材料与库存管理，单击原材料管理，选择原材料出库，单击新增，按照系统中的信息对各类原材料的出库信息进行录入。填写出库单编号、出库日期，选择材料类型，填写材料名称、规格型号、批号、出库数量、计量单位、领用部门、领用人，在附件处可上传出库单和领用单。

原材料出库如图 7.31 所示。

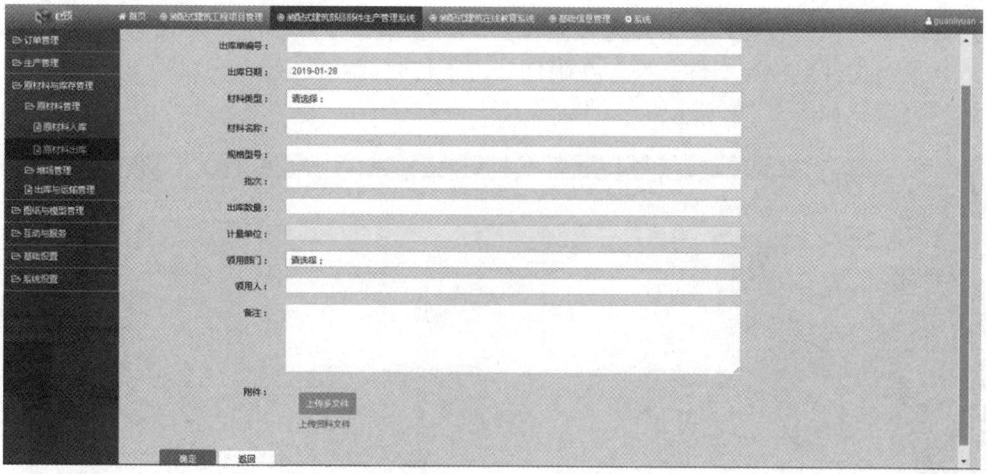

图 7.31　原材料出库

7.4.2　图纸与模型管理

预制混凝土构件工厂的技术员在拿到设计图纸后，需要对图纸信息进行识图与交底，及时发现生产中不宜实施或存在问题的地方，并与设计人员进行沟通协商，待图纸没有问题后，方可与工人进行对接开始生产。为方便查找，可将用于生产的图纸与模型保存在部品部件生产管理系统中。

1. 深化设计与图纸管理

打开图纸与模型管理，单击深化设计与图纸管理，单击新增，按照系统中的信息对图纸信息进行录入。选择工程名称、单位工程、楼层、图纸类型、产品类型，填写产品编号、图纸名称，在附件处可上传图纸。

但应注意图纸类型应包括建筑施工图、结构施工图及部品加工图，在进行图纸存储时，应按照产品类型分别进行保存。

深化设计与图纸管理如图 7.32 所示。

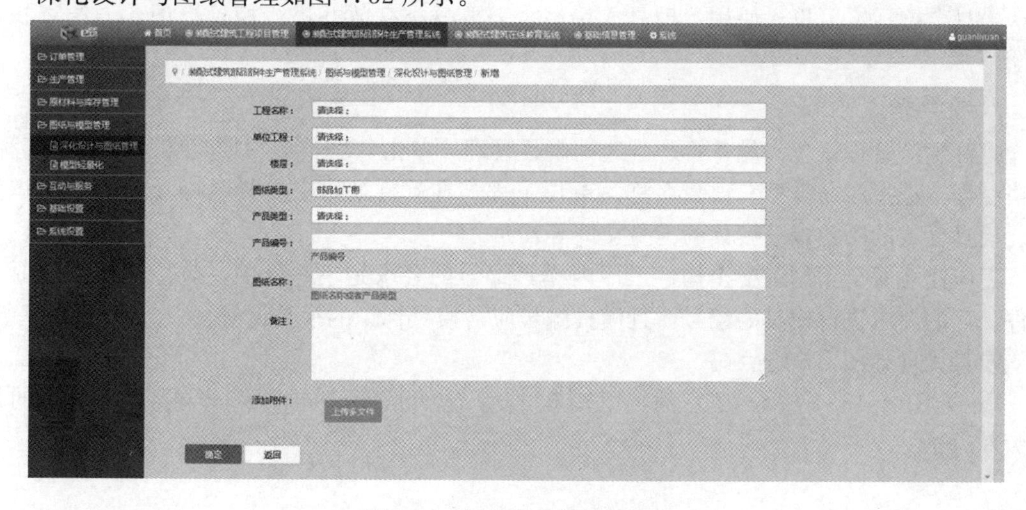

图 7.32　深化设计与图纸管理

2. 模型轻量化

打开图纸与模型管理，单击模型轻量化，单击新增，按照系统中的信息对模型信息进行录入。填写文件名称、文件分类，在附件处可上传封面及模型。

模型轻量化如图 7.33 所示。

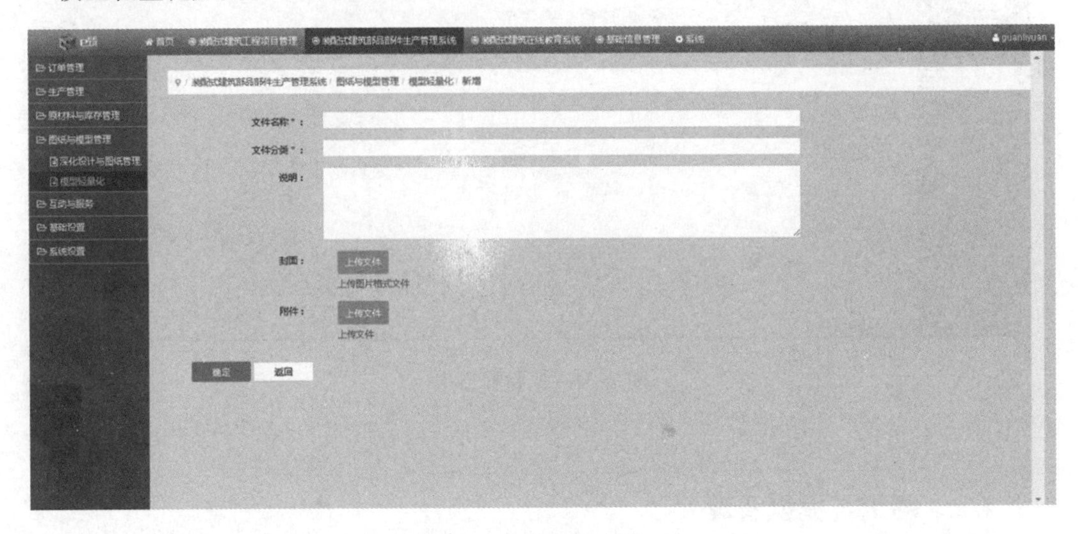

图 7.33　模型轻量化

7.4.3　模具与设备管理

在预制混凝土构件建厂时，需要根据工厂规模、经费预算等合理布置车间内的生产线，并根据生产线的不同合理采购生产设备，包括实验室设备等，设备入场时应有详细的设备台账，并按照设备说明书的要求对设备进行保养、巡检与检验，每次设备使用时，需要进行登记。

目前，由于装配式建筑的设计还未完全达到标准化的要求，因此在模具使用上会造成一定程度上的浪费，但应注意在模具的设计、加工上必须按照图纸要求进行，并进行检验，确认模具合格后方可投入使用，模具入场后，需要分类存放并进行模具标识，方便查找与存储。

1. 模具管理

打开生产管理，单击设备管理，选择模具管理，单击新增，填写模具编号、模具名称、规格型号，选择产品类型、项目名称、单位工程，在附件处可上传模具图片、模具标识图片、模具存放的图片以及模具的检验文件等。

但应注意每个预制混凝土构件工厂内模具编号的要求是不一样的，应按照预制混凝土构件工厂的要求进行模具的编号，且模具编号应与模具标识的模具编号一致。

模具管理如图 7.34 所示。

以 DBS1－1624 叠合板为例，填写模具管理的信息，如图 7.35 所示。模具的厚度为 60 mm。

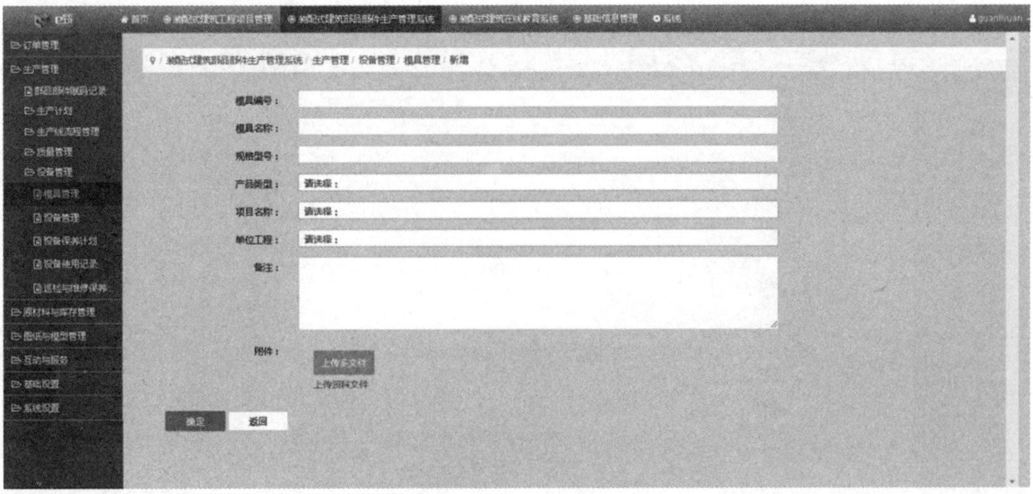

首页　装配式建筑工程项目管理　装配式建筑部品部件生产管理系统　装配式建筑在线教育系统　基础信息管理　系统　guanliyuan

订单管理
生产管理
部品部件赋码记录
生产计划
生产线流程管理
质量管理
设备管理
模具管理
设备管理
设备保养计划
设备使用记录
巡检与维修保养
原材料与库存管理
图纸与模型管理
互动与服务
基础设置
系统设置

装配式建筑部品部件生产管理系统 / 生产管理 / 设备管理 / 模具管理 / 新增

模具编号：
模具名称：
规格型号：
产品类型：请选择：
项目名称：请选择：
单位工程：请选择：
备注：
附件：上传多文件
上传资料文件
确定　返回

图 7.34　模具管理

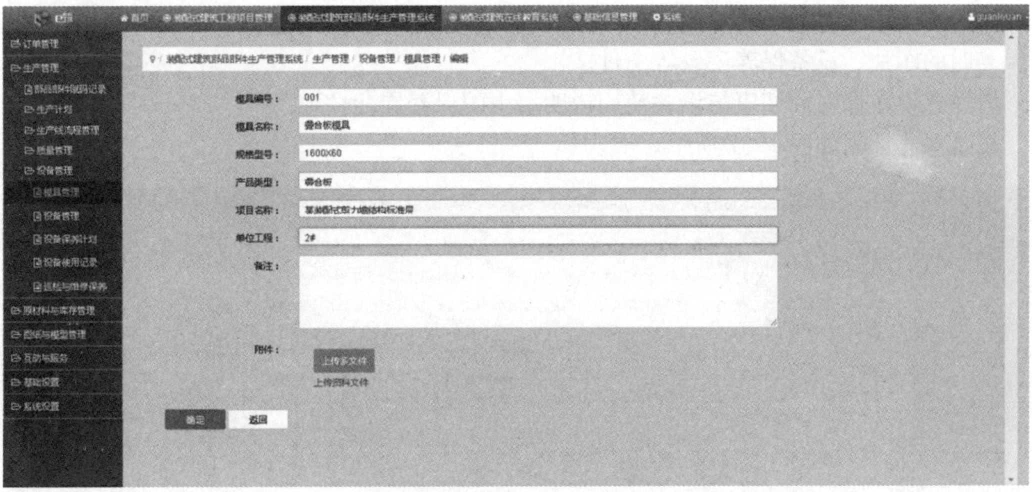

首页　装配式建筑工程项目管理　装配式建筑部品部件生产管理系统　装配式建筑在线教育系统　基础信息管理　系统　guanliyuan

订单管理
生产管理
部品部件赋码记录
生产计划
生产线流程管理
质量管理
设备管理
模具管理
设备管理
设备保养计划
设备使用记录
巡检与维修保养
原材料与库存管理
图纸与模型管理
互动与服务
基础设置
系统设置

装配式建筑部品部件生产管理系统 / 生产管理 / 设备管理 / 模具管理 / 编辑

模具编号：001
模具名称：叠合板模具
规格型号：1600X60
产品类型：叠合板
项目名称：某装配式剪力墙结构标准层
单位工程：2#
备注：
附件：上传多文件
上传资料文件
确定　返回

图 7.35　填写模具管理的信息

2. 设备管理

打开生产管理，单击设备管理，选择设备管理，单击新增，填写设备编号、设备名称、规格型号，选择设备类型，填写生产厂家、生产日期、入库日期、设备状况，在附件处可上传设备图片、设备入库台账、产品合格证、设备使用说明书等文件。

但应注意设备名称、规格型号、生产厂家、生产日期应与产品合格证及设备使用说明书中的信息一致。

设备管理如图 7.36 所示。

3. 设备保养计划

设备管理人员在设备的使用过程中，应按照设备使用说明书的要求对设备进行保养，并做好保养记录。

打开生产管理，单击设备管理，选择设备保养计划，单击新增，选择设备类型、设备名称，填写保养人、保养周期、开始保养时间、设备状态、使用情况，在附件处可上传设

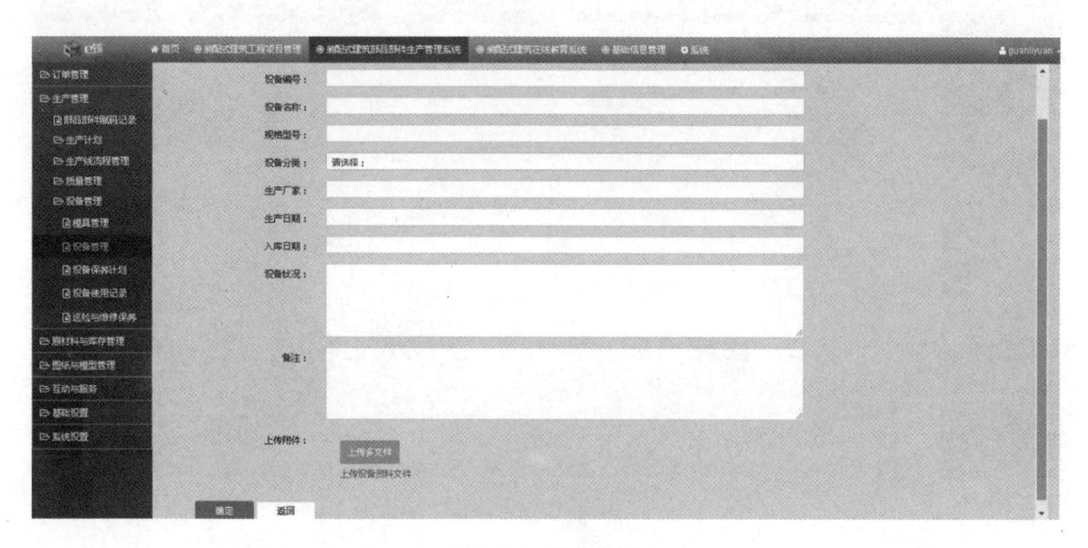

图 7.36　设备管理

备保养时的图片、设备保养记录等文件。

应注意设备保养周期应与设备使用说明书中的保养周期一致。

设备保养计划如图 7.37 所示。

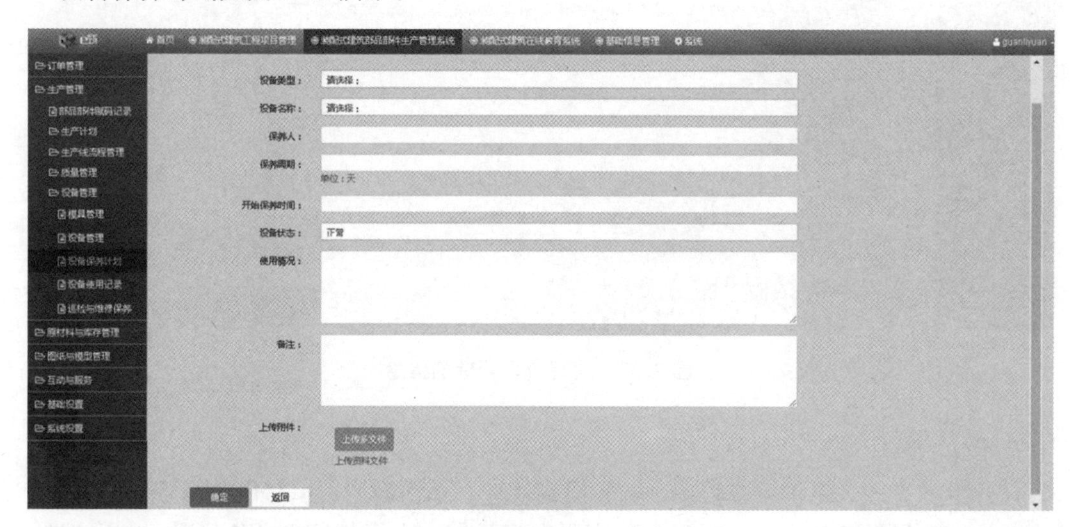

图 7.37　设备保养计划

4. 设备使用记录

打开生产管理，单击设备管理，选择设备使用记录，单击新增，填写设备名称、设备编号、规格型号、使用人、开始使用日期、使用时间、设备状态、使用情况，在附件处可上传设备使用时的图片。

设备使用记录如图 7.38 所示。

首页　装配式建筑工程项目管理　装配式建筑部品部件生产管理系统　装配式建筑在线教育系统　基础信息管理　系统　guanliyuan

订单管理
生产管理
部品部件物码记录
生产计划
生产线流程管理
质量管理
设备管理
模具管理
设备管理
设备保养计划
设备使用记录
巡检与维修保养
原材料与库存管理
图纸与模型管理
互动与服务
基础设置
系统设置

设备名称：
设备编号：
规格型号：
使用人：
开始使用日期：
使用时间：
单位：h
设备状态：正常
使用情况：
备注：
上传附件：
上传多文件
确定　返回

图 7.38　设备使用记录

5. 巡检与维修保养

打开生产管理，单击设备管理，选择巡检与维修保养，单击新增，选择设备类型、设备名称、业务类型，填写检查人、检查日期、设备状态、使用情况，在附件处可上传设备巡检图片、维修图片以及设备巡检记录、设备维修记录等文件。

应注意填写的设备信息一定要保证准确性。

巡检与维修保养如图 7.39 所示。

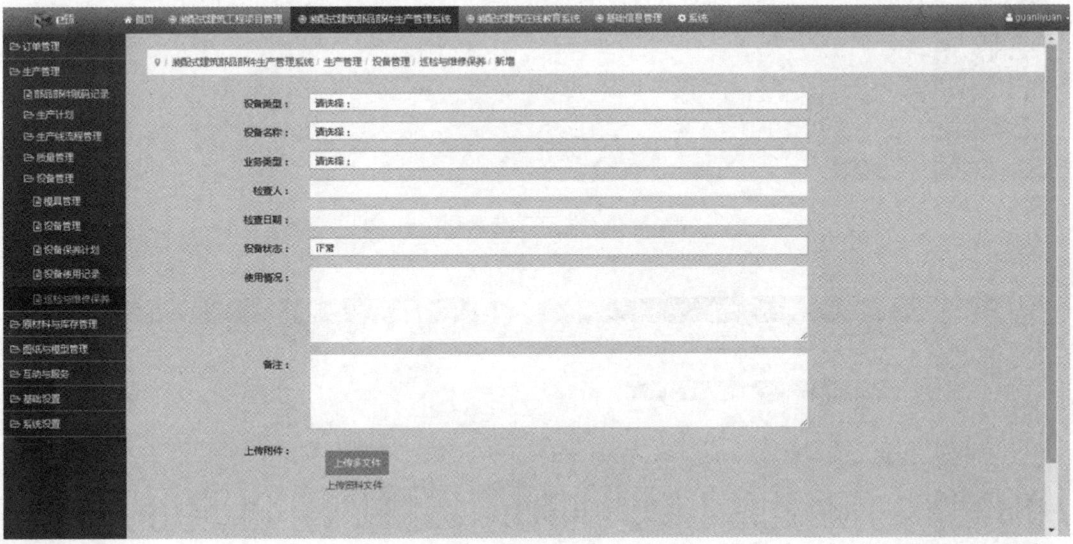

首页　装配式建筑工程项目管理　装配式建筑部品部件生产管理系统　装配式建筑在线教育系统　基础信息管理　系统　guanliyuan

订单管理
生产管理
部品部件物码记录
生产计划
生产线流程管理
质量管理
设备管理
模具管理
设备管理
设备保养计划
设备使用记录
巡检与维修保养
原材料与库存管理
图纸与模型管理
互动与服务
基础设置
系统设置

装配式建筑部品部件生产管理系统 / 生产管理 / 设备管理 / 巡检与维修保养 / 新增

设备类型：请选择：
设备名称：请选择：
业务类型：请选择：
检查人：
检查日期：
设备状态：正常
使用情况：
备注：
上传附件：
上传多文件
上传资料文件

图 7.39　巡检与维修保养

7.5 生产线流程管理

生产前的准备工作完成后，就可以进行预制混凝土构件的生产。

7.5.1 生产工艺管理

生产工艺管理的主要功能是对预制混凝土构件生产的各个工序进行管理，并进行简要的工艺概述描述。以叠合板的生产工艺为例，结合部品部件生产管理系统进行生产工艺管理。

打开生产管理，单击生产线流程管理，选择生产工艺管理，单击新增，填写工艺编号、工艺名称，选择产品类型、实施日期，填写编制人、工艺概述，在附件处可上传生产时图片及工艺文件。

生产工艺管理如图 7.40、图 7.41 所示。

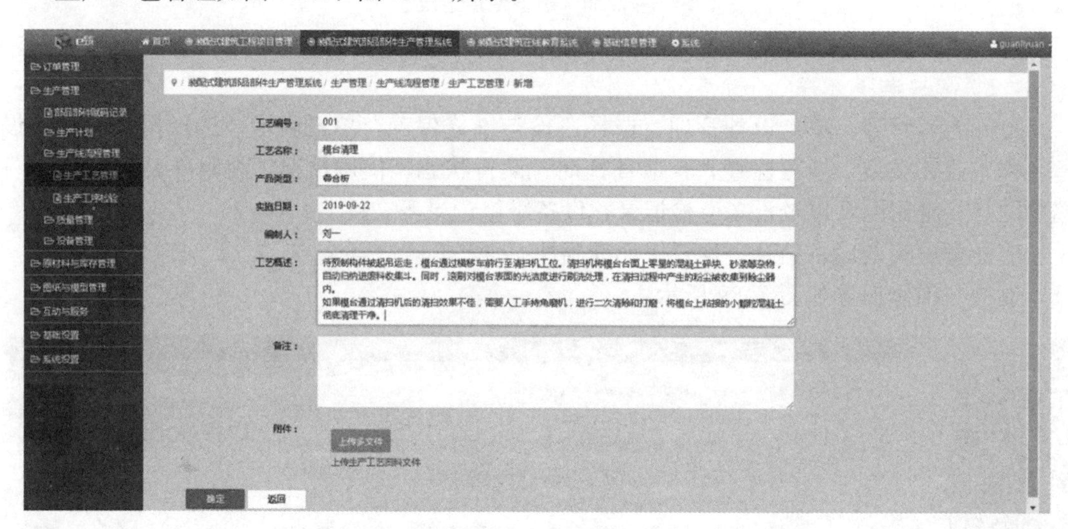

图 7.40　生产工艺管理(一)

序号	工艺编号	工艺名称	产品类型	实施日期	编制人	状态	创建人	创建日期	操作
1	008	脱模、起吊	叠合板	2019-09-22	刘一	✔	学校管理员	2019-01-28 16:27	编辑
2	007	养护	叠合板	2019-09-22	刘一	✔	学校管理员	2019-01-28 16:27	编辑
3	006	混凝土浇筑	叠合板	2019-09-22	刘一	✔	学校管理员	2019-01-28 16:26	编辑
4	005	隐蔽工程验收	叠合板	2019-09-22	刘一	✔	学校管理员	2019-01-28 16:26	编辑
5	004	预埋件及水电管线等预留预埋	叠合板	2019-09-22	刘一	✔	学校管理员	2019-01-28 16:25	编辑
6	003	钢筋及网片安装	叠合板	2019-09-22	刘一	✔	学校管理员	2019-01-28 16:25	编辑
7	002	模具组装	叠合板	2019-09-22	刘一	✔	学校管理员	2019-01-28 16:24	编辑
8	001	模台清理	叠合板	2019-09-22	刘一	✔	学校管理员	2019-01-28 16:23	编辑

图 7.41　生产工艺管理(二)

应注意预制混凝土构件的每个工序都应进行记录，填写该工序的工艺概述，确保每个工序的完整性。

7.5.2 生产工序检验

在每个工序完成后，都需要进行工序检验，待上一工序完成、检验合格后，方可进入下一工序的生产。

以叠合板的生产工序检验为例，结合部品部件生产管理系统进行生产工序检验。

打开生产管理，单击生产线流程管理，选择生产工序检验，单击新增，选择 RFID，选择检验点、车间、工序、班组、报检人、签收人、质检人，在附件处可上传检验时的图片及质量检验表格等文件。

生产工序检验如图 7.42 所示。

图 7.42 生产工序检验

7.6 成品检验

预制混凝土构件生产养护完成后，达到混凝土设计强度后，便可脱模、起吊，到质检区进行成品检验，检验合格后，对成品进行标识、入库存放。

以叠合板的成品检验为例，结合部品部件生产管理系统进行成品检验。

打开生产管理，单击质量管理，选择成品检验，单击新增，选择 RFID，选择检验人，在附件处可上传检验时的图片及质量检验表格等文件。

成品检验如图 7.43 所示。

图 7.43　成品检验

7.7　堆场管理

成品检验合格后，即可运输到构件存放区进行存放。

7.7.1　堆场布置与分类

打开原材料与库存管理，单击堆场管理，选择堆场布置与分类，单击新增，填写堆场名称。

常见的堆场布置图如图 7.44 所示。堆场布置与分类如图 7.45 所示。

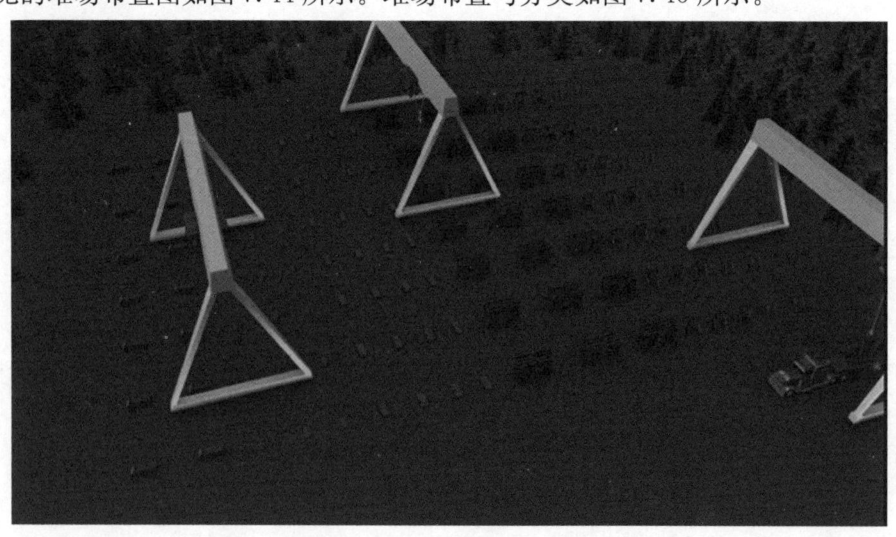

图 7.44　常见的堆场布置图

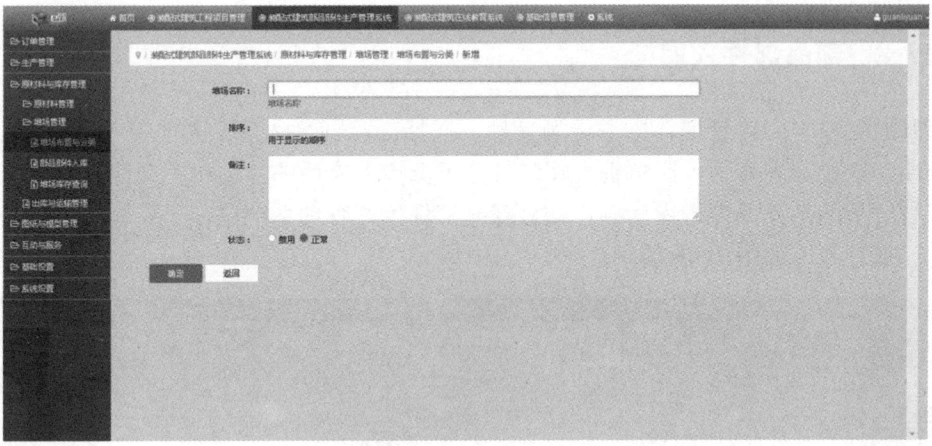

首页　装配式建筑工程项目管理　装配式建筑部品部件生产管理系统　装配式建筑在线教育系统　基础信息管理　系统　guanliyuan
订单管理
生产管理
原材料与库存管理
原材料管理
堆场管理
堆场布置与分类
部品部件入库
堆场库存查询
出库与运输管理
图纸与模型管理
互动与服务
基础设置
系统设置
装配式建筑部品部件生产管理系统 / 原材料与库存管理 / 堆场管理 / 堆场布置与分类 / 新增
堆场名称：
堆场名称
排序：
用于显示的顺序
备注：
状态：禁用 正常
确定　返回

图 7.45　堆场布置与分类

在堆场布置完成后，对堆场内的区位进行划分，单击区位，编辑区位信息。区位设置如图 7.46、图 7.47 所示。

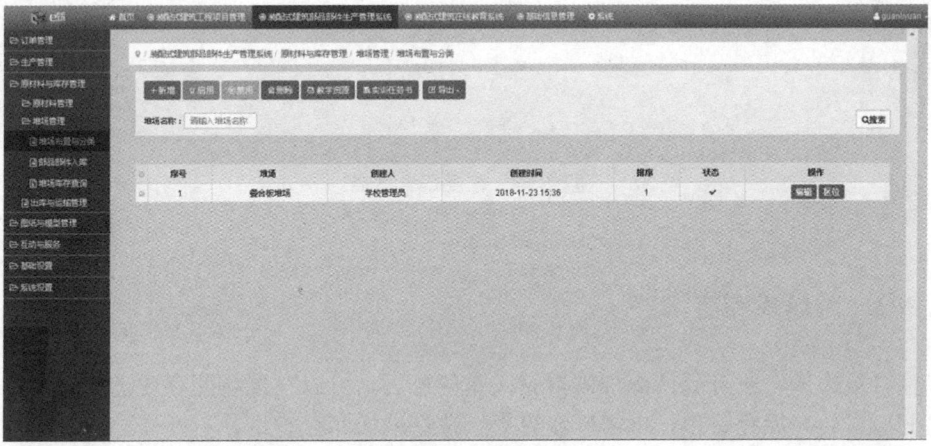

首页　装配式建筑工程项目管理　装配式建筑部品部件生产管理系统　装配式建筑在线教育系统　基础信息管理　系统　guanliyuan
订单管理
生产管理
原材料与库存管理
原材料管理
堆场管理
堆场布置与分类
部品部件入库
堆场库存查询
出库与运输管理
图纸与模型管理
互动与服务
基础设置
系统设置
装配式建筑部品部件生产管理系统 / 原材料与库存管理 / 堆场管理 / 堆场布置与分类
+新增　启用　禁用　删除　教学资源　实训任务书　导出
堆场名称：请输入堆场名称　搜索

序号	堆场	创建人	创建时间	排序	状态	操作
1	叠合板堆场	学校管理员	2018-11-23 15:36	1	✔	编辑 区位

图 7.46　区位设置(一)

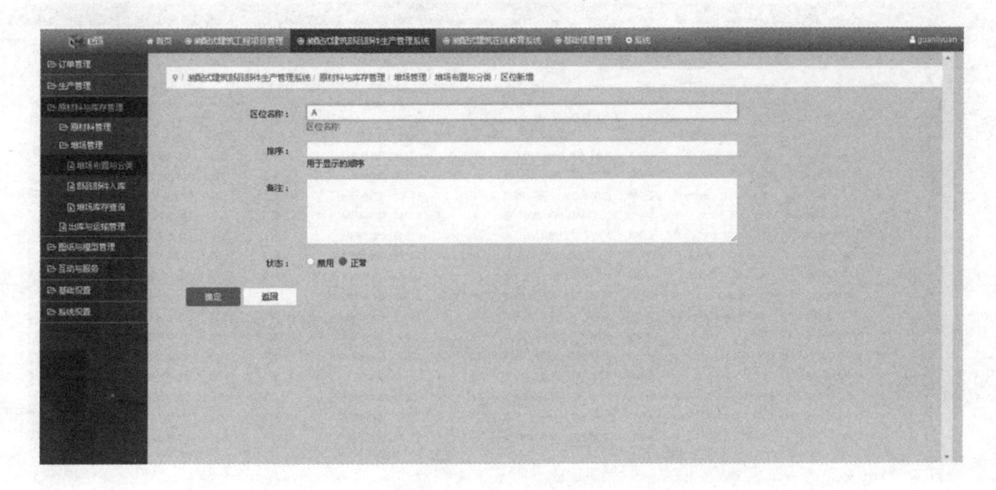

图 7.47　区位设置(二)

7.7.2　部品部件入库

打开原材料与库存管理，单击堆场管理，选择部品部件入库，单击新增，选择 RFID，选择仓库、区位、入库，入库负责人在附件处可上传入库后图片及相关文件。

以叠合板的部品部件入库为例，结合部品部件生产管理系统进行部品部件入库。

部品部件入库如图 7.48 所示。

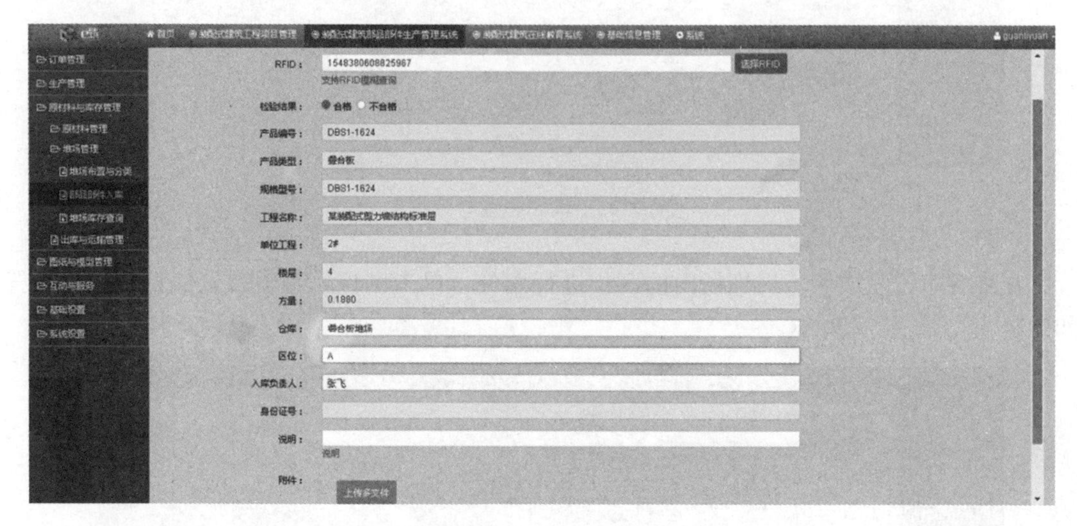

图 7.48　部品部件入库

7.7.3　堆场库存查询

以叠合板为例，所有部品部件编辑完入库信息后，可以在堆场库存中进行查询。

打开原材料与库存管理，单击堆场管理，选择堆场库存查询。

图 7.49、图 7.50 所示为叠合板的入库信息，堆场库存查询如图 7.51 所示。

序号	RFID	产品编号	规格型号	产品类型	工程名称	单位工程	楼层	方量	仓库	区位	入库负责人	检验结果	创建人	创建时间	操作
1	1548380608810645	DBS2-2724	DBS2-2724	叠合板	某装配式剪力墙结构标准层	2#	4	0.3240	叠合板堆场	C	张飞	合格	学校管理员	2019-01-29 11:00	编辑
2	1548380608830391	DBS2-1624	DBS2-1624	叠合板	某装配式剪力墙结构标准层	2#	4	0.1830	叠合板堆场	C	张飞	合格	学校管理员	2019-01-29 11:00	编辑
3	1548380608869566	DBS-2213	DBS-2213	叠合板	某装配式剪力墙结构标准层	2#	4	0.1380	叠合板堆场	B	张飞	合格	学校管理员	2019-01-29 11:00	编辑
4	1548380608818967	DBS-2126	DBS-2126	叠合板	某装配式剪力墙结构标准层	2#	4	0.2840	叠合板堆场	B	张飞	合格	学校管理员	2019-01-29 11:00	编辑
5	1548380608822967	DBS-2124	DBS-2124	叠合板	某装配式剪力墙结构标准层	2#	4	0.2600	叠合板堆场	B	张飞	合格	学校管理员	2019-01-29 11:00	编辑
6	1548380608841391	DBS-2026	DBS-2026	叠合板	某装配式剪力墙结构标准层	2#	4	0.2740	叠合板堆场	B	张飞	合格	学校管理员	2019-01-29 11:00	编辑
7	1548380608837391	DBS-2021	DBS-2021	叠合板	某装配式剪力墙结构标准层	2#	4	0.2190	叠合板堆场	B	张飞	合格	学校管理员	2019-01-29 11:00	编辑
8	1548380608849244	DBS1-3718	DBS1-3718	叠合板	某装配式剪力墙结构标准层	2#	4	0.3360	叠合板堆场	A	张飞	合格	学校管理员	2019-01-29 10:59	编辑
9	1548380608845244	DBS1-3718	DBS1-3718	叠合板	某装配式剪力墙结构标准层	2#	4	0.3360	叠合板堆场	A	张飞	合格	学校管理员	2019-01-29 10:59	编辑
10	1548380608814967	DBS1-2724	DBS1-2724	叠合板	某装配式剪力墙结构标准层	2#	4	0.3330	叠合板堆场	A	张飞	合格	学校管理员	2019-01-29 10:59	编辑
11	1548380608806645	DBS1-2724	DBS1-2724	叠合板	某装配式剪力墙结构标准层	2#	4	0.3330	叠合板堆场	A	张飞	合格	学校管理员	2019-01-29 10:59	编辑
12	1548380608865566	DBS1-2619	DBS1-2619	叠合板	某装配式剪力墙结构标准层	2#	4	0.2460	叠合板堆场	A	张飞	合格	学校管理员	2019-01-29 10:59	编辑
13	1548380608861566	DBS1-2619	DBS1-2619	叠合板	某装配式剪力墙结构标准层	2#	4	0.2460	叠合板堆场	A	张飞	合格	学校管理员	2019-01-29 10:59	编辑
14	1548380608857244	DBS1-2218	DBS1-2218	叠合板	某装配式剪力墙结构标准层	2#	4	0.1990	叠合板堆场	A	张飞	合格	学校管理员	2019-01-29 10:59	编辑
15	1548380608853244	DBS1-2218	DBS1-2218	叠合板	某装配式剪力墙结构标准层	2#	4	0.1990	叠合板堆场	A	张飞	合格	学校管理员	2019-01-28 17:03	编辑

图 7.49　叠合板入库信息(一)

图 7.50　叠合板入库信息(二)

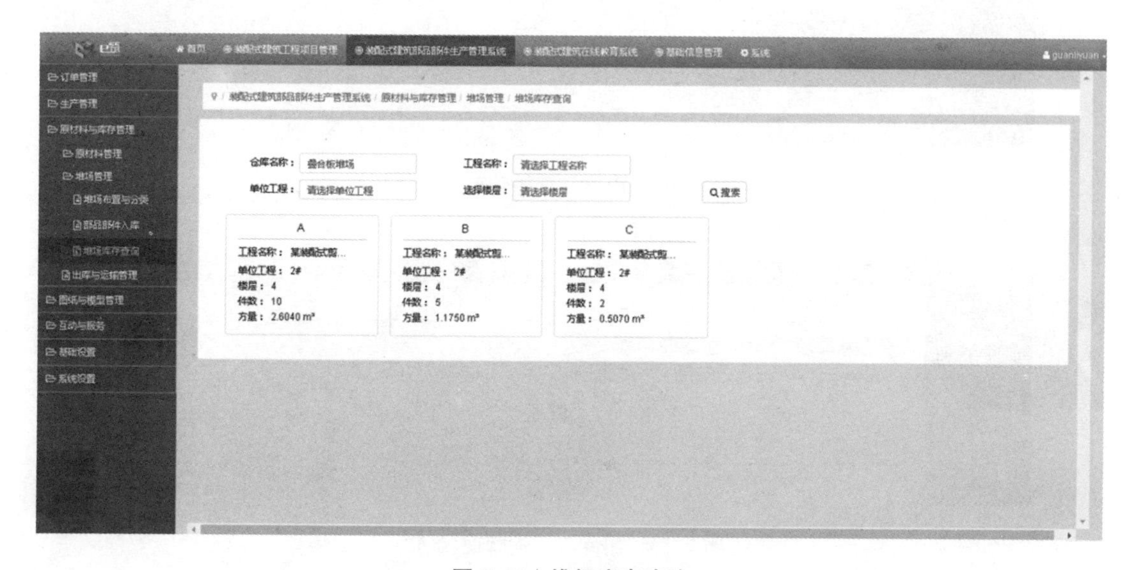

图 7.51　堆场库存查询

在堆场库存查询中，可以按照仓库名称、工程名称、单位工程、楼层等信息，查看每个区位中预制混凝土构件的件数及方量。

7.8　出库与运输管理

本标准层的出库时间为 2019 年 10 月 1 日，发货员与施工单位协商后，确定预制混凝土构件的到货时间，填写发货单，进行车辆排布，确定运输车辆，通知运输车辆的司机，进行安全交底，确保预制混凝土构件的顺利出厂及安全运输至施工工地。

打开原材料与库存管理，单击出库与运输管理，单击新增，填写运输单号，选择工程名称、单位工程、车牌号、发货人、发货日期，在附件处可上传预制混凝土构件装车图片、质量验收单、发货单、出门证等相关文件。

出库与运输管理如图 7.52、图 7.53 所示。

运输单号 *：20191001
工程名称 *：某装配式剪力墙结构标准层
单位工程 *：2#
车牌号 *：鲁P12321
运输人：王一
运输商：山东住工装配建筑有限公司（集团）
发货人 *：关羽
发货单位：山东联房信息技术有限公司
发货日期：2019-10-01
说明：
附件：上传多文件
请上传附件
当前录入人：学校管理员

图 7.52　出库与运输管理(一)

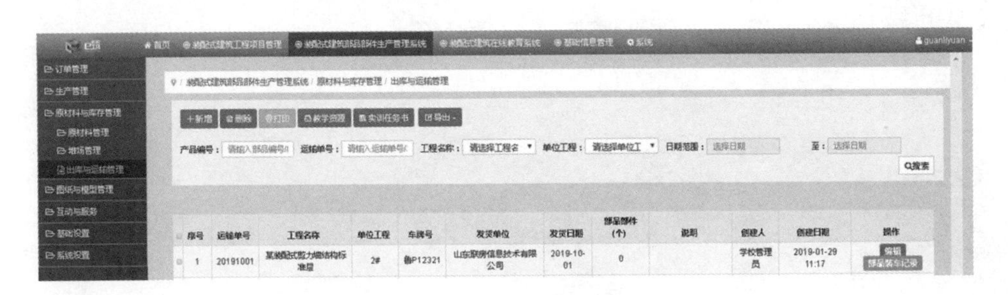

图 7.53　出库与运输管理(二)

在发货信息填写完成后，需要编辑部品装车记录。选择部品装车记录，单击新增，根据装车信息进行编辑。

以叠合板为例，假定第一车的运输量为 6 块叠合板，按照装车要求选择相应叠合板的 RFID，确定部品装车信息。

部品装车记录如图 7.54 所示。

序号	运输单号	rfid	工程名称	单位工程	楼层	产品类型	产品编号	规格型号	方量	状态	录入人	操作
1	20191001	1548380608825987	某装配式剪力墙结构标准层	2#	4	叠合板	DBS1-1624	DBS1-1624	0.1880	✔	超级管理员	编辑 删除
2	20191001	1548380608833391	某装配式剪力墙结构标准层	2#	4	叠合板	DBS1-1624	DBS1-1624	0.1880	✔	超级管理员	编辑 删除
3	20191001	1548380608853244	某装配式剪力墙结构标准层	2#	4	叠合板	DBS1-2218	DBS1-2218	0.1990	✔	超级管理员	编辑 删除
4	20191001	1548380608857244	某装配式剪力墙结构标准层	2#	4	叠合板	DBS1-2218	DBS1-2218	0.1990	✔	超级管理员	编辑 删除
5	20191001	1548380608861566	某装配式剪力墙结构标准层	2#	4	叠合板	DBS1-2619	DBS1-2619	0.2460	✔	超级管理员	编辑 删除
6	20191001	1548380608865566	某装配式剪力墙结构标准层	2#	4	叠合板	DBS1-2619	DBS1-2619	0.2460	✔	超级管理员	编辑 删除

图 7.54　部品装车记录

返回到出库与运输管理处可以从部品部件处显示有 6 块叠合板已经出库。

再返回到部品部件订单处，可以查看每个预制混凝土构件的发货情况。图 7.55～图 7.60 所示为部品部件发货情况记录。

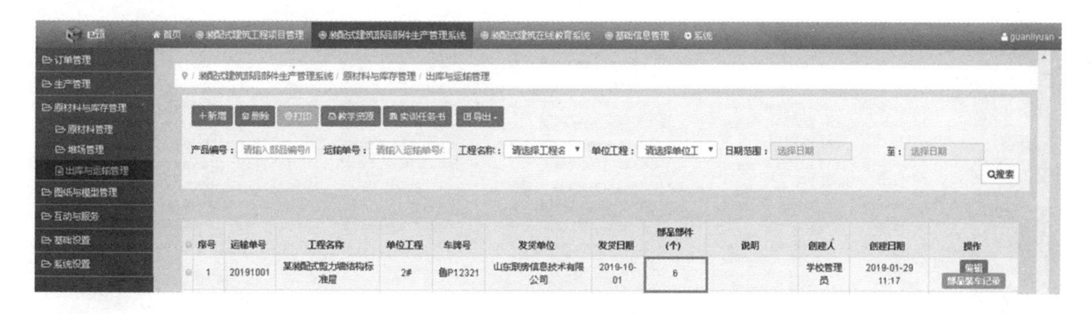

序号	运输单号	工程名称	单位工程	车牌号	发货单位	发货日期	部品部件(个)	说明	创建人	创建日期	操作
1	20191001	某装配式剪力墙结构标准层	2#	鲁P12321	山东联房信息技术有限公司	2019-10-01	6		学校管理员	2019-01-29 11:17	编辑

图 7.55　部品部件发货情况(一)

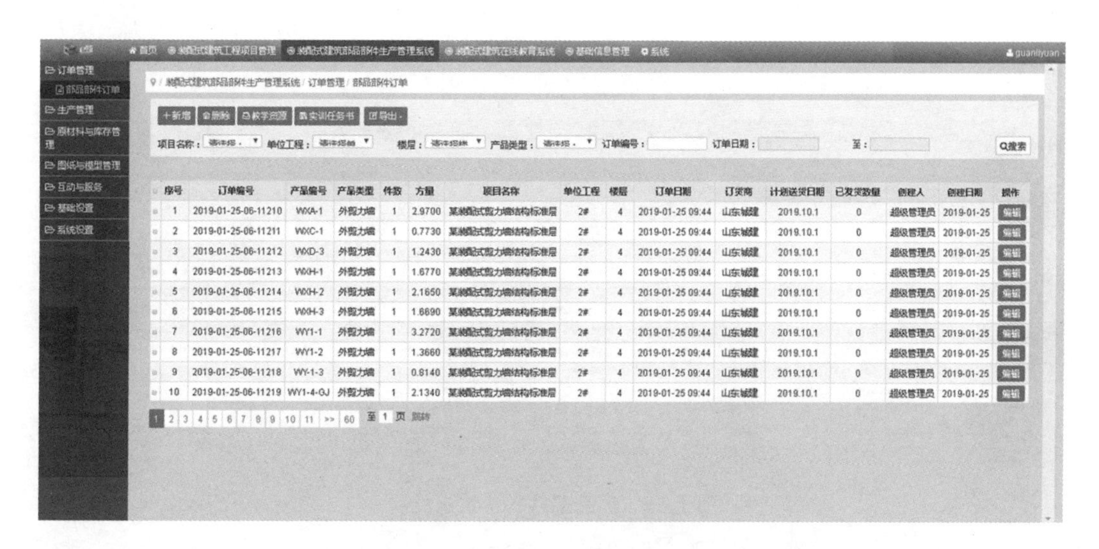

序号	订单编号	产品编号	产品类型	件数	方量	项目名称	单位工程	楼层	订单日期	订货商	计划送货日期	已发货数量	创建人	创建日期	操作
1	2019-01-25-06-11210	WXA-1	外剪力墙	1	2.9700	某装配式剪力墙结构标准层	2#	4	2019-01-25 09:44	山东城建	2019.10.1	0	超级管理员	2019-01-25	编辑
2	2019-01-25-06-11211	WXC-1	外剪力墙	1	0.7730	某装配式剪力墙结构标准层	2#	4	2019-01-25 09:44	山东城建	2019.10.1	0	超级管理员	2019-01-25	编辑
3	2019-01-25-06-11212	WXD-3	外剪力墙	1	1.2430	某装配式剪力墙结构标准层	2#	4	2019-01-25 09:44	山东城建	2019.10.1	0	超级管理员	2019-01-25	编辑
4	2019-01-25-06-11213	WXH-1	外剪力墙	1	1.6770	某装配式剪力墙结构标准层	2#	4	2019-01-25 09:44	山东城建	2019.10.1	0	超级管理员	2019-01-25	编辑
5	2019-01-25-06-11214	WXH-2	外剪力墙	1	2.1650	某装配式剪力墙结构标准层	2#	4	2019-01-25 09:44	山东城建	2019.10.1	0	超级管理员	2019-01-25	编辑
6	2019-01-25-06-11215	WXH-3	外剪力墙	1	1.6690	某装配式剪力墙结构标准层	2#	4	2019-01-25 09:44	山东城建	2019.10.1	0	超级管理员	2019-01-25	编辑
7	2019-01-25-06-11216	WY1-1	外剪力墙	1	3.2720	某装配式剪力墙结构标准层	2#	4	2019-01-25 09:44	山东城建	2019.10.1	0	超级管理员	2019-01-25	编辑
8	2019-01-25-06-11217	WY1-2	外剪力墙	1	1.3660	某装配式剪力墙结构标准层	2#	4	2019-01-25 09:44	山东城建	2019.10.1	0	超级管理员	2019-01-25	编辑
9	2019-01-25-06-11218	WY-1-3	外剪力墙	1	0.8140	某装配式剪力墙结构标准层	2#	4	2019-01-25 09:44	山东城建	2019.10.1	0	超级管理员	2019-01-25	编辑
10	2019-01-25-06-11219	WY1-4-GJ	外剪力墙	1	2.1340	某装配式剪力墙结构标准层	2#	4	2019-01-25 09:44	山东城建	2019.10.1	0	超级管理员	2019-01-25	编辑

图 7.56　部品部件发货情况(二)

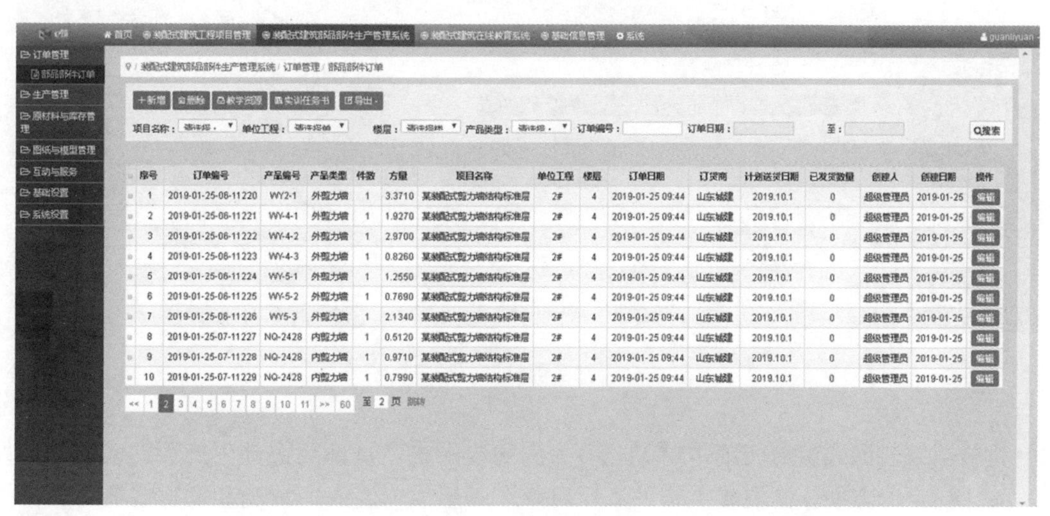

序号	订单编号	产品编号	产品类型	件数	方量	项目名称	单位工程	楼层	订单日期	订货商	计划送货日期	已发货数量	创建人	创建日期	操作
1	2019-01-25-06-11220	WY2-1	外剪力墙	1	3.3710	某装配式剪力墙结构标准层	2#	4	2019-01-25 09:44	山东城建	2019.10.1	0	超级管理员	2019-01-25	编辑
2	2019-01-25-06-11221	WY-4-1	外剪力墙	1	1.9270	某装配式剪力墙结构标准层	2#	4	2019-01-25 09:44	山东城建	2019.10.1	0	超级管理员	2019-01-25	编辑
3	2019-01-25-06-11222	WY-4-2	外剪力墙	1	2.9700	某装配式剪力墙结构标准层	2#	4	2019-01-25 09:44	山东城建	2019.10.1	0	超级管理员	2019-01-25	编辑
4	2019-01-25-06-11223	WY-4-3	外剪力墙	1	0.8260	某装配式剪力墙结构标准层	2#	4	2019-01-25 09:44	山东城建	2019.10.1	0	超级管理员	2019-01-25	编辑
5	2019-01-25-06-11224	WY-5-1	外剪力墙	1	1.2550	某装配式剪力墙结构标准层	2#	4	2019-01-25 09:44	山东城建	2019.10.1	0	超级管理员	2019-01-25	编辑
6	2019-01-25-06-11225	WY-5-2	外剪力墙	1	0.7690	某装配式剪力墙结构标准层	2#	4	2019-01-25 09:44	山东城建	2019.10.1	0	超级管理员	2019-01-25	编辑
7	2019-01-25-06-11226	WY5-3	外剪力墙	1	2.1340	某装配式剪力墙结构标准层	2#	4	2019-01-25 09:44	山东城建	2019.10.1	0	超级管理员	2019-01-25	编辑
8	2019-01-25-07-11227	NQ-2428	内剪力墙	1	0.5120	某装配式剪力墙结构标准层	2#	4	2019-01-25 09:44	山东城建	2019.10.1	0	超级管理员	2019-01-25	编辑
9	2019-01-25-07-11228	NQ-2428	内剪力墙	1	0.9710	某装配式剪力墙结构标准层	2#	4	2019-01-25 09:44	山东城建	2019.10.1	0	超级管理员	2019-01-25	编辑
10	2019-01-25-07-11229	NQ-2428	内剪力墙	1	0.7990	某装配式剪力墙结构标准层	2#	4	2019-01-25 09:44	山东城建	2019.10.1	0	超级管理员	2019-01-25	编辑

图 7.57　部品部件发货情况(三)

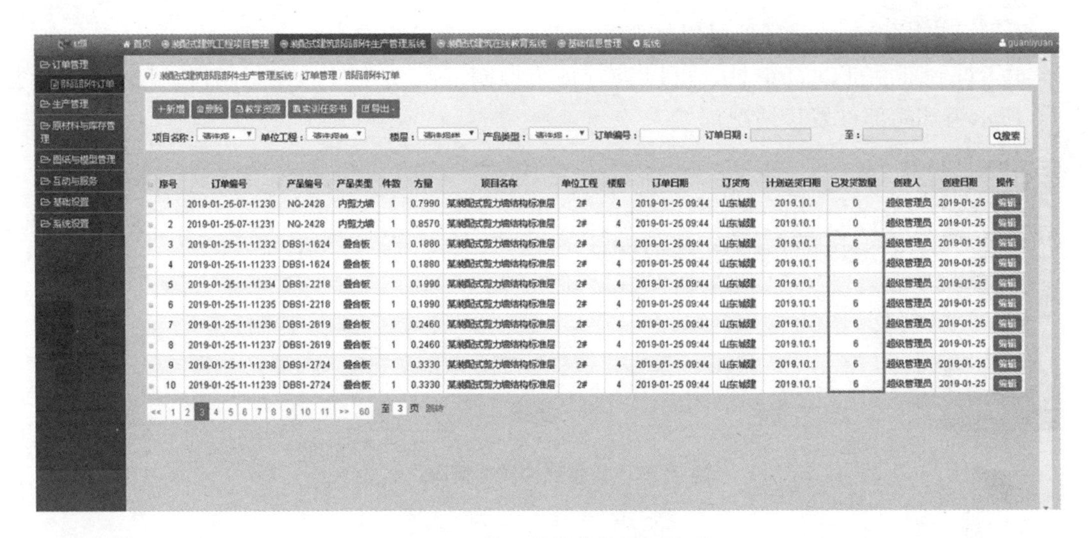

序号	订单编号	产品编号	产品类型	件数	方量	项目名称	单位工程	楼层	订单日期	订货商	计划送货日期	已发货数量	创建人	创建日期	操作
1	2019-01-25-07-11230	NQ-2428	内剪力墙	1	0.7990	某装配式剪力墙结构标准层	2#	4	2019-01-25 09:44	山东城建	2019.10.1	0	超级管理员	2019-01-25	编辑
2	2019-01-25-07-11231	NQ-2428	内剪力墙	1	0.8570	某装配式剪力墙结构标准层	2#	4	2019-01-25 09:44	山东城建	2019.10.1	0	超级管理员	2019-01-25	编辑
3	2019-01-25-11-11232	DBS1-1624	叠合板	1	0.1880	某装配式剪力墙结构标准层	2#	4	2019-01-25 09:44	山东城建	2019.10.1	6	超级管理员	2019-01-25	编辑
4	2019-01-25-11-11233	DBS1-1624	叠合板	1	0.1880	某装配式剪力墙结构标准层	2#	4	2019-01-25 09:44	山东城建	2019.10.1	6	超级管理员	2019-01-25	编辑
5	2019-01-25-11-11234	DBS1-2218	叠合板	1	0.1990	某装配式剪力墙结构标准层	2#	4	2019-01-25 09:44	山东城建	2019.10.1	6	超级管理员	2019-01-25	编辑
6	2019-01-25-11-11235	DBS1-2218	叠合板	1	0.1990	某装配式剪力墙结构标准层	2#	4	2019-01-25 09:44	山东城建	2019.10.1	6	超级管理员	2019-01-25	编辑
7	2019-01-25-11-11236	DBS1-2619	叠合板	1	0.2460	某装配式剪力墙结构标准层	2#	4	2019-01-25 09:44	山东城建	2019.10.1	6	超级管理员	2019-01-25	编辑
8	2019-01-25-11-11237	DBS1-2619	叠合板	1	0.2460	某装配式剪力墙结构标准层	2#	4	2019-01-25 09:44	山东城建	2019.10.1	6	超级管理员	2019-01-25	编辑
9	2019-01-25-11-11238	DBS1-2724	叠合板	1	0.3330	某装配式剪力墙结构标准层	2#	4	2019-01-25 09:44	山东城建	2019.10.1	6	超级管理员	2019-01-25	编辑
10	2019-01-25-11-11239	DBS1-2724	叠合板	1	0.3330	某装配式剪力墙结构标准层	2#	4	2019-01-25 09:44	山东城建	2019.10.1	6	超级管理员	2019-01-25	编辑

图 7.58　部品部件发货情况(四)

序号	订单编号	产品编号	产品类型	件数	方量	项目名称	单位工程	楼层	订单日期	订货商	计划送货日期	已发货数量	创建人	创建日期	操作
1	2019-01-25-11-11240	DBS1-3718	叠合板	1	0.3360	某装配式剪力墙结构标准层	2#	4	2019-01-25 09:44	山东城建	2019.10.1	0	超级管理员	2019-01-25	编辑
2	2019-01-25-11-11241	DBS1-3718	叠合板	1	0.3360	某装配式剪力墙结构标准层	2#	4	2019-01-25 09:44	山东城建	2019.10.1	0	超级管理员	2019-01-25	编辑
3	2019-01-25-11-11242	DBS-2021	叠合板	1	0.2190	某装配式剪力墙结构标准层	2#	4	2019-01-25 09:44	山东城建	2019.10.1	0	超级管理员	2019-01-25	编辑
4	2019-01-25-11-11243	DBS-2026	叠合板	1	0.2740	某装配式剪力墙结构标准层	2#	4	2019-01-25 09:44	山东城建	2019.10.1	0	超级管理员	2019-01-25	编辑
5	2019-01-25-11-11244	DBS-2124	叠合板	1	0.2600	某装配式剪力墙结构标准层	2#	4	2019-01-25 09:44	山东城建	2019.10.1	0	超级管理员	2019-01-25	编辑
6	2019-01-25-11-11245	DBS-2126	叠合板	1	0.2840	某装配式剪力墙结构标准层	2#	4	2019-01-25 09:44	山东城建	2019.10.1	0	超级管理员	2019-01-25	编辑
7	2019-01-25-11-11246	DBS2-1624	叠合板	1	0.1830	某装配式剪力墙结构标准层	2#	4	2019-01-25 09:44	山东城建	2019.10.1	0	超级管理员	2019-01-25	编辑
8	2019-01-25-11-11247	DBS-2213	叠合板	1	0.1380	某装配式剪力墙结构标准层	2#	4	2019-01-25 09:44	山东城建	2019.10.1	0	超级管理员	2019-01-25	编辑
9	2019-01-25-11-11248	DBS2-2724	叠合板	1	0.3240	某装配式剪力墙结构标准层	2#	4	2019-01-25 09:44	山东城建	2019.10.1	0	超级管理员	2019-01-25	编辑

图 7.59　部品部件发货情况(五)

序号	工程名称	单位工程	产品类型	计划件数	计划方量(m³)	入库件数	出库件数	计划生产日期范围	创建人	创建日期	操作
1	某装配式剪力墙结构标准层	2#	内剪力墙	5	3.9380	0	0	2019-09-15至2019-09-23	学校管理员	2019-01-28 10:13	编辑
2	某装配式剪力墙结构标准层	2#	外剪力墙	17	31.3350	0	0	2019-09-15至2019-09-23	学校管理员	2019-01-28 10:12	编辑
3	某装配式剪力墙结构标准层	2#	叠合板	17	4.2860	17	12	2019-09-22至2019-09-23	学校管理员	2019-01-28 10:09	编辑

图 7.60　部品部件发货情况(六)

这样以某装配式剪力墙结构(标准层)为例的装配式建筑部品部件生产管理系统的应用就完成了，但为方便预制混凝土构件工厂对整个工厂生产、入库情况和发货情况有总体把控，在首页部分可以查看不同时间段的预制混凝土构件入库情况、不同项目的预制混凝土构件入库情况和库存情况，如图 7.61、图 7.62 所示。

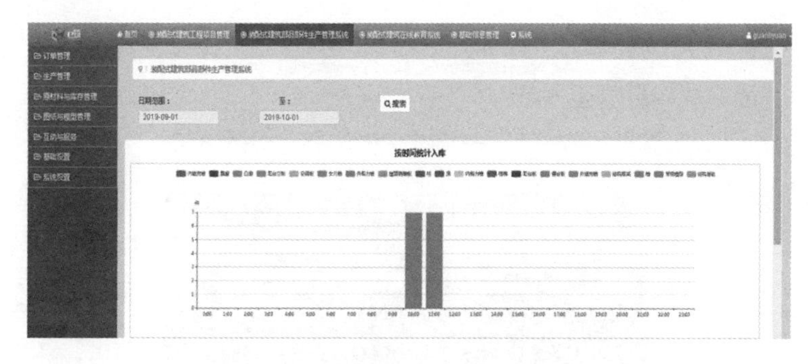

图 7.61　按时间统计入库

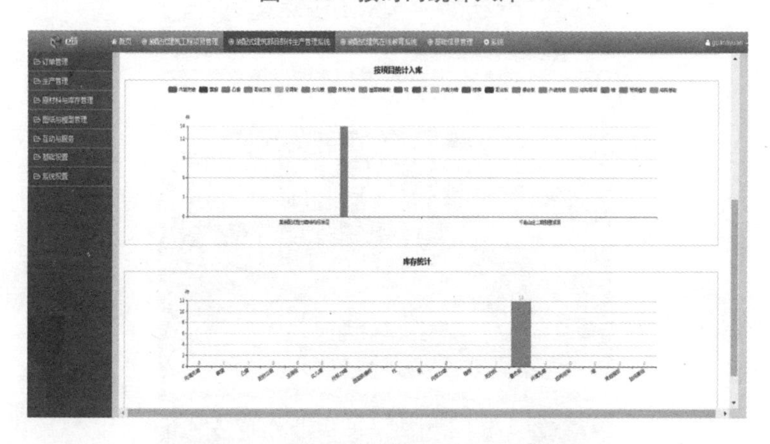

图 7.62　按项目统计入库、库存统计

7.9　质量追溯

装配式建筑部品部件生产管理系统中完成了所有的预制混凝土构件生产、检验及出库运输等生产环节，该系统内的所有信息都会根据 RFID 码的信息追溯到原有的 BIM 模型中。

打开 e 筑 BIM，在 BIM 中打开该标准层模型，单击质量追溯，选择该标准层某一预制混凝土构件，会出现该构件的基本信息和生产信息，如图 7.63、图 7.64 所示。

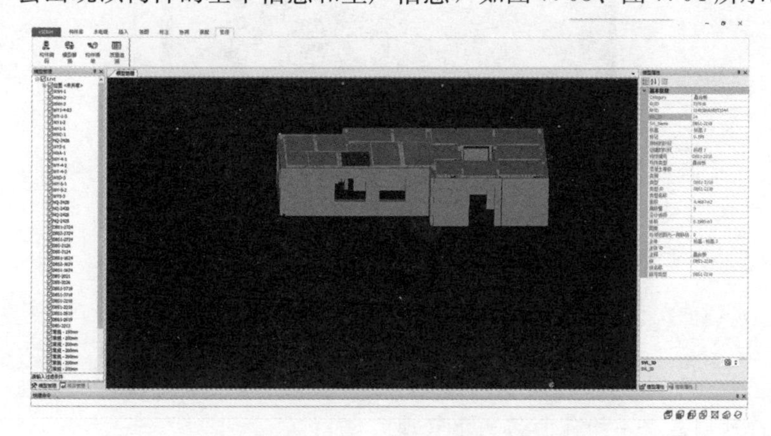

图 7.63　质量追溯

图 7.64　追溯信息

思考题

如何进行预制混凝土构件的信息化管理？

附录　混凝土配合比设计

1. 混凝土配合比设计的基本步骤

(1)根据所选用原材料的性能指标及混凝土设计、施工技术性能指标的要求，通过理论计算或经验得出一个计算配合比；

(2)将计算配合比经试配与调整，确定出满足和易性要求的试拌配合比；

(3)根据试拌配合比确定供强度检验用配合比，并根据试配强度和湿表观密度调整得出满足设计、施工要求的试验室配合比。根据砂、石的含水率、液体外加剂的含固量及试验室配合比可确定预拌混凝土的“生产配合比”。

2. 混凝土配制强度的确定

(1)混凝土配制强度应按下列规定确定：

①当混凝土的设计强度等级小于C60时，配制强度应按式(1-1)计算：

$$f_{cu,0} \geqslant f_{cu,k} + 1.645\sigma \tag{1-1}$$

式中　$f_{cu,0}$——混凝土配制强度(MPa)；

$f_{cu,k}$——混凝土立方体抗压强度标准值，这里取设计混凝土强度等级值(MPa)；

σ——混凝土强度标准差(MPa)。

②当设计强度等级不小于C60时，配制强度应按式(1-2)计算：

$$f_{cu,0} \geqslant 1.15\, f_{cu,k} \tag{1-2}$$

(2)混凝土强度标准差应按照下列规定确定：

①当具有近1～3个月的同一品种、同一强度等级混凝土的强度资料，且试件组数不小于30时，其混凝土强度标准差σ应按下式计算：

$$\sigma = \sqrt{\frac{\sum_{i-1}^{n} f_{cu,i}^{2} - nm_{fcu}^{2}}{n-1}} \tag{1-3}$$

式中　σ——混凝土强度标准差；

$f_{cu,i}$——第i组的试件强度(MPa)；

m_{fcu}——n组试件的强度平均值(MPa)；

n——试件组数。

对于强度等级不大于C30的混凝土，当σ计算值不小于3.0 MPa时，应按式(1-3)的计算结果取值；当σ计算值小于3.0 MPa时，σ应取3.0 MPa。对于强度等级大于C30且小于C60的混凝土，当σ计算值不小于4.0 MPa时，应按式(1-3)的计算结果取值；当σ计算值小于4.0 MPa时，σ应取4.0 MPa。

②当没有近期的同一品种、同一强度等级的混凝土强度资料时，其强度标准差σ可按附表1.1取值。

附表 1.1　标准差 σ 值　MPa

混凝土强度标准值	≤C20	C25～C45	C50～C55
σ	4.0	5.0	6.0

3. 混凝土配合比计算

(1)水胶比。

①当混凝土强度等级不大于 C60 时，混凝土水胶比宜按式(1-4)计算：

$$W/B=\frac{\alpha_a f_b}{f_{cu,0}+\alpha_a\alpha_b f_b} \tag{1-4}$$

式中　W/B——混凝土水胶比；

α_a，α_b——回归系数，取值应符合附表 1.2 的规定；

f_b——胶凝材料(水泥与矿物掺合料按使用比例混合)28 d 胶砂抗压强度(MPa)。试验方法应按现行国家标准《水泥胶砂强度检验方法(ISO 法)》(GB/T 17671—1999)执行；当无实测值时，可按式(1-5)确定。

②回归系数 α_a 和 α_b 宜按下列规定确定：

a. 根据工程所使用的原材料，通过试验建立的水胶比与混凝土强度关系式来确定；

b. 当不具备上述试验统计资料时，可按附表 1.2 采用。

附表 1.2　回归系数 α_a、α_b 选用表

系数 \ 粗骨料品种	碎石	卵石
α_a	0.53	0.49
α_b	0.20	0.13

③当胶凝材料 28 d 胶砂抗压强度值(f_b)无实测值时，可按式(1-5)计算：

$$f_b=\gamma_f\gamma_s f_{ce} \tag{1-5}$$

式中　$\gamma_f\gamma_s$——粉煤灰影响系数和粒化高炉矿渣粉影响系数，可按附表 1.3 选用；

f_{ce}——水泥 28 d 胶砂抗压强度(MPa)可实测，也可按式(1-6)的规定计算得到。

附表 1.3　粉煤灰影响系数(γ_f)和粒化高炉矿渣粉影响系数(γ_s)

掺量/% \ 种类	粉煤灰影响系数 γ_f	粒化高炉矿渣粉影响系数 γ_s
0	1.00	1.00
10	0.85～0.95	1.00
20	0.75～0.85	0.95～1.00
30	0.65～0.75	0.90～1.00
40	0.55～0.65	0.80～0.90
50	—	0.70～0.85

注：①采用Ⅰ级、Ⅱ级粉煤灰宜取上限值。

②采用 S75 级粒化高炉矿渣粉宜取下限值，采用 S95 级粒化高炉矿渣粉宜取上限值，采用 S105 级粒化高炉矿渣粉可取上限值加 0.05。

③当超出表中的掺量时，粉煤灰和粒化高炉矿渣粉影响系数应经试验确定。

④当水泥 28 d 胶砂抗压强度(f_{ce})无实测值时，可按式(1-6)计算：

$$f_{ce}=\gamma_c f_{ce,g} \tag{1-6}$$

式中 γ_c——水泥强度等级值的富余系数，可按实际统计资料确定；当缺乏实际统计资料时，也可按附表 1.4 选用；

$f_{ce,g}$——水泥强度等级值(MPa)。

附表 1.4 水泥强度等级值的富余系数(γ_c)

水泥强度等级值	32.5	42.5	52.5
富余系数	1.12	1.16	1.10

(2)用水量和外加剂用量。

①每立方米干硬性或塑性混凝土的用水量(m_{w0})应符合下列规定：

a. 混凝土水胶比为 0.40～0.80 时，可按附表 1.5 和附表 1.6 选取；

b. 混凝土水胶比小于 0.40 时，可通过试验确定。

附表 1.5 干硬性混凝土的用水量 kg/m³

拌合物稠度		卵石最大公称粒径/mm			碎石最大粒径/mm		
项目	指标	10.0	20.0	40.0	16.0	20.0	40.0
维勃稠度/s	16～20	175	160	145	180	170	155
	11～15	180	165	150	185	175	160
	5～10	185	170	155	190	180	165

附表 1.6 塑性混凝土的用水量 kg/m³

拌合物稠度		卵石最大公称粒径/mm				碎石最大粒径/mm			
项目	指标	10.0	20.0	31.5	40.0	16.0	20.0	31.5	40.0
坍落度/mm	10～30	190	170	160	150	200	185	175	165
	35～50	200	180	170	160	210	195	185	175
	55～70	210	190	180	170	220	105	195	185
	75～90	215	195	185	175	230	215	205	195

注：①本表用水量是采用中砂时的取值。采用细砂时，每立方米混凝土用水量可增加 5～10 kg；采用粗砂时，可减少 5～10 kg。

②掺用矿物掺合料和外加剂时，用水量应相应调整。

②掺外加剂时，每立方米流动性或大流动性混凝土的用水量(m_{w0})可按式(1-7)计算：

$$m_{w0}=m'_{w0}(1-\beta) \tag{1-7}$$

式中 m_{w0}——满足实际坍落度要求的每立方米混凝土用水量(kg/m³)；

m'_{w0}——未掺外加剂时推定的满足实际坍落度要求的每立方米混凝土用水量(kg/m³)，以附表 1.6 中 90 mm 坍落度的用水量为基础，按每增大 20 mm 坍落度相应增加 5 kg/m³ 用水量来计算，当坍落度增大到 180 mm 以上时，随坍落度相应增加的用水量可减少；

β——外加剂的减水率(%)，应经混凝土试验确定。

③每立方米混凝土中外加剂用量(m_{a0})应按式(1-8)计算：

$$m_{a0}=m_{b0}\beta_a \tag{1-8}$$

式中　m_{a0}——每立方米混凝土中外加剂用量(kg/m^3)；

m_{b0}——计算配合比每立方米混凝土中胶凝材料用量(kg/m^3)；计算应符合式(1-9)的规定；

β_a——外加剂掺量(%)，应经混凝土试验确定。

(3)胶凝材料、矿物掺合料和水泥用量。

①每立方米混凝土的胶凝材料用量(m_{b0})应按式(1-9)计算：

$$m_{b0}=\frac{m_{w0}}{W/B} \tag{1-9}$$

式中　m_{b0}——计算配合比每立方米混凝土中胶凝材料用量(kg/m^3)；

m_{w0}——计算配合比每立方米混凝土的用水量(kg/m^3)；

W/B——混凝土水胶比。

②每立方米混凝土的矿物掺合料用量(m_{f0})应按式(1-10)计算：

$$m_{f0}=m_{b0}\beta_f \tag{1-10}$$

式中　m_{f0}——计算配合比每立方米混凝土中矿物掺合料用量(kg/m^3)；

β_f——矿物掺合料掺量(%)。

矿物掺合料在混凝土中的掺量应通过试验确定。采用硅酸盐水泥或普通硅酸盐水泥时，钢筋混凝土中矿物掺合料最大掺量宜符合附表1.7的规定；预应力混凝土中矿物掺合料最大掺量宜符合附表1.8的规定。

附表1.7　钢筋混凝土中矿物掺合料最大掺量

矿物掺合料种类	水胶比	最大掺量/%	
		采用硅酸盐水泥时	采用普通硅酸盐水泥时
粉煤灰	≤0.40	45	35
	>0.40	40	30
粒化高炉矿渣粉	≤0.40	65	55
	>0.40	55	45
钢渣粉	—	30	20
磷渣粉	—	30	20
硅灰	—	10	10
复合掺合料	≤0.40	65	55
	>0.40	55	45

注：①采用其他通用硅酸盐水泥时，宜将水泥混合材掺量20%以上的混合材量计入矿物掺合料；
②复合掺合料各组分的掺量不宜超过单掺时的最大掺量；
③在混合使用两种或两种以上矿物掺合料时，矿物掺合料总掺量应符合表中复合掺合料的规定。

附表1.8　预应力钢筋混凝土中矿物掺合料最大掺量

矿物掺合料种类	水胶比	最大掺量/%	
		采用硅酸盐水泥时	采用普通硅酸盐水泥时
粉煤灰	≤0.40	35	30
	>0.40	25	20

续表

矿物掺合料种类	水胶比	最大掺量/%	
		采用硅酸盐水泥时	采用普通硅酸盐水泥时
粒化高炉矿渣粉	≤0.40	55	45
	>0.40	45	35
钢渣粉	—	20	10
磷渣粉	—	20	10
硅灰	—	10	10
复合掺合料	≤0.40	55	45
	>0.40	45	35

注：①采用其他通用硅酸盐水泥时，宜将水泥混合材掺量20%以上的混合材量计入矿物掺合料；
②复合掺合料各组分的掺量不宜超过单掺时的最大掺量；
③在混合使用两种或两种以上矿物掺合料时，矿物掺合料总掺量应符合表中复合掺合料的规定。

③每立方米混凝土的水泥用量(m_{c0})应按式(1-11)计算：

$$m_{c0}=m_{b0}-m_{f0} \tag{1-11}$$

式中　m_{c0}——计算配合比每立方米混凝土中水泥用量(kg/m^3)。

(4)砂率。

①砂率(β_s)应根据骨料的技术指标、混凝土拌合物性能和施工要求，参考既有历史资料确定。

②当缺乏砂率的历史资料时，混凝土砂率的确定应符合下列规定：

a. 坍落度小于10 mm的混凝土，其砂率应经试验确定；

b. 坍落度为10～60 mm的混凝土，其砂率可根据粗骨料品种、最大公称粒径及水胶比按附表1.9选取；

附表1.9　混凝土的砂率　%

水胶比(W/B)	卵石最大公称粒径/mm			碎石最大粒径/mm		
	10.0	20.0	40.0	16.0	20.0	40.0
0.40	26～32	25～31	24～30	30～35	29～34	27～32
0.50	30～35	29～34	28～33	33～38	32～37	30～35
0.60	33～38	32～37	31～36	36～41	35～40	33～38
0.70	36～41	35～40	34～39	39～44	38～43	36～41

注：①本表数值中砂的选用砂率，对细砂或粗砂，可相应地减少或增大砂率；
②采用人工砂配制混凝土时，砂率可适当增大；
③只用一个单粒级粗骨料配制混凝土时，砂率应适当增大。

c. 坍落度大于60 mm的混凝土。其砂率可经试验确定，也可在附表1.9的基础上，按坍落度每增大20 mm、砂率增大1%的幅度予以调整。

(5)粗、细骨料用量。

①当采用质量法计算混凝土配合比时，粗、细骨料用量应按式(1-12)计算；砂率应按式(1-13)计算：

$$m_{f0}+m_{c0}+m_{g0}+m_{s0}+m_{w0}=m_{cp} \tag{1-12}$$

$$\beta_s=\frac{m_{s0}}{m_{g0}+m_{s0}}\times 100\% \tag{1-13}$$

式中 m_{f0}——计算配合比每立方米混凝土的粗骨料用量(kg/m^3)；

m_{s0}——计算配合比每立方米混凝土的细骨料用量(kg/m^3)；

m_{w0}——计算配合比每立方米混凝土的用水量(kg/m^3)；

β_s——砂率(%)；

m_{cp}——每立方米混凝土拌合物的假定质量(kg/m^3)，可取 2 350～2 450 kg/m^3。

②当采用体积法计算混凝土配合比时，砂率应按式(1-13)计算，粗、细骨料用量应按式(1-14)计算。

$$\frac{m_{c0}}{\rho_c}+\frac{m_{f0}}{\rho_f}+\frac{m_{g0}}{\rho_g}+\frac{m_{s0}}{\rho_s}+\frac{m_{w0}}{\rho_w}+0.01\alpha=1 \tag{1-14}$$

式中 ρ_c——水泥密度(kg/m^3)，应按《水泥密度测定方法》(GB/T 208)测定，也可取 2 900～3 100 kg/m^3；

ρ_f——矿物掺合料密度(kg/m^3)，可按《水泥密度测定方法》(GB/T 208)测定；

ρ_g——粗骨料的静观密度(kg/m^3)，应按现行行业标准《普通混凝土用砂、石质量及检验方法标准》(JGJ 52)测定；

ρ_s——细骨料的表观密度(kg/m^3)，应按现行行业标准《普通混凝土用砂、石质量及检验方法标准》(JGJ 52)测定；

ρ_w——水的密度(kg/m^3)，可取 1 000kg/m^3；

α——混凝土的含气量百分数，在不使用引气型外加剂时，α 可取为 1。

4. 混凝土配合比的试配、调整与确定

(1)试配。

①混凝土试配应采用强制式搅拌机，搅拌机应符合现行行业标准《混凝土试验用搅拌机》(JG 244—2009)的规定，搅拌方法宜与施工采用的方法相同。

②实验室成型条件应符合现行国家标准《普通混凝土拌合物性能试验方法标准》(GB/T 50080—2016)的规定。

③每盘混凝土试配的最小搅拌量应符合附表 1.10 的规定，并不应小于搅拌机公称容量的 1/4 且不应大于搅拌机公称容量。

附表 1.10　混凝土试配的最小搅拌量

粗骨料最大公称粒径/mm	拌合物数量/L
≤31.5	20
40.0	25

④在计算配合比的基础上进行试拌。计算水胶比宜保持不变，并应通过调整配合比其他参数使混凝土拌合性能符合设计和施工要求，然后修正计算配合比，提出试拌配合比。

⑤应在试拌配合比的基础上，进行混凝土强度试验，并应符合下列规定：

a. 应至少采用三个不同的配合比，其中一个应为第④条中确定的试拌配合比，另外两个配合比的水胶比宜较试拌配合比分别增加和减少 0.05，用水量应与试拌配合比相同，砂率可分别增加和减少 1%；

b. 进行混凝土强度试验时，拌合物性能应符合设计和施工要求；

c. 进行混凝土强度试验时，每个配合比至少应制作一组试件，并应标准养护到 28 d 或设计规定龄期时试压。

(2)配合比的调整与确定。

①配合比调整应符合以下规定：

a. 根据上述第⑤条中混凝土强度试验结果，宜绘制强度和胶水比的线性关系图或用插值法确定略大于配制强度的强度对应的胶水比；

b. 在试拌配合比的基础上，用水量(m_w)和外加剂用量(m_a)应根据确定的水胶比作调整；

c. 胶凝材料用量(m_b)应以用水量乘以确定的胶水比计算得出；

d. 粗骨料和细骨料用量(m_g 和 m_s)应在用水量和胶凝材料用量上进行调整。

②混凝土拌合物表观密度和配合比校正系数的计算应符合以下规定：

a. 配合比调整后的混凝土拌合物的表观密度应按式(1-15)计算：

$$\rho_{c,c}=m_c+m_f+m_g+m_s+m_w \tag{1-15}$$

b. 混凝土配合比校正系数应按式(1-16)计算：

$$\delta=\frac{\rho_{c,t}}{\rho_{c,c}} \tag{1-16}$$

式中 δ——混凝土配合比较正系数；

$\rho_{c,t}$——混凝土拌合物表观密度实测值(kg/m^3)；

$\rho_{c,c}$——混凝土拌合物表观密度计算值(kg/m^3)。

③当混凝土拌合物表观密度实测值与计算值之差的绝对值不超过计算值的 2%时，按调整的配合比可维持不变；当二者之差超过 2%时，应将配合比中每项材料用量均乘以校正系数(δ)；

④生产单位可根据常用材料设计出常用的混凝土配合比备用，并应在使用过程中予以验证或调整。遇有下列情况之一时，应重新进行配合比设计：

a. 原材料的产地或品质发生显著变化；

b. 停产时间超过一个月，重新生产前；

c. 合同要求；

d. 混凝土质量出现异常；

e. 对混凝土性能有特殊要求的；

f. 水泥外加剂或矿物掺合料品种质量有显著变化时。

对于有特殊要求的混凝土配合比设计应按照《普通混凝土配合比设计规程》(JGJ 55—2011)的要求，调整相关系数进行配合比的计算。

参考文献

[1] 郭学明. 装配式混凝土结构建筑的设计、制作与施工[M]. 北京：机械工业出版社，2017.
[2] 郭学明 . 装配式混凝土建筑制作与施工[M]. 北京：机械工业出版社，2017.
[3] 张金树，王春长 . 装配式建筑混凝土预制混凝土构件生产与管理[M]. 北京：中国建筑工业出版社，2017.
[4] 住房和城乡建设部科技与产业化发展中心，住房和城乡建设部住宅产业化促进中心 . 中国装配式建筑发展报告(2017)[M]. 北京：中国建筑工业出版社，2017.
[5]中华人民共和国住房和城乡建设部 . GB 50010—2010 混凝土结构设计规范(2015 年版)[S]. 北京：中国建筑工业出版社，2010.
[6] 住房和城乡建设部 . JGJ 1—2014 装配式混凝土结构技术规程[S]. 北京：中国建筑工业出版社，2014.
[7]中华人民共和国住房和城乡建设部． GB/T 51231—2016 装配式混凝土建筑技术标准[S]. 北京：中国建筑工业出版社，2017.
[8] 北京市质量技术监督局． DB11/T 968—2013 预制混凝土构件质量检验标准[S]. 北京：北京市质量技术监督局、北京市住房和城乡建设委员会联合发布，2013.
[9] 中华人民共和国建设部 . JGJ 63—2006 混凝土用水标准[S]. 北京：中国建筑工业出版社，2006.
[10] 中华人民共和国国家市场监督管理总局，中国国家标准化管理委员会 . GB 175—2007 通用硅酸盐水泥[S]. 北京：中国标准出版社，2007.
[11] 中华人民共和国住房和城乡建设部 . JGJ 55—2011 普通混凝土配合比设计规程[S]. 北京：中国建筑工业出版社，2011.
[12] 中华人民共和国国家市场监督管理总局，中国国家标准化管理委员会 . GB/T 2015—2017 白色硅酸盐水泥[S]. 北京：中国标准出版社，2017.
[13] 中华人民共和国国家市场监督管理总局，中国国家标准化管理委员会 . GB 8076—2008 混凝土外加剂[S]. 北京：中国标准出版社，2008.
[14] 中华人民共和国住房和城乡建设部 . GB 50119—2013 混凝土外加剂应用技术规范[S]. 北京：中国建筑工业出版社，2013.
[15] 中华人民共和国住房和城乡建设部 . GB 50164—2011 混凝土质量控制标准[S]. 北京：中国建筑工业出版社，2011.
[16] 中华人民共和国建设部 . JGJ 52—2006 普通混凝土用砂、石质量及检验方法标准[S]. 北京：中国建筑工业出版社，2007.
[17] 中华人民共和国国家市场监督管理总局，中国国家标准化管理委员会 . GB/T 1596—2017 用于水泥和混凝土中的粉煤灰[S]. 北京：中国标准出版社，2017.
[18] 中华人民共和国国家标准质量监督检验检疫总局，中国国家标准化管理委员会 . GB/T 1345—2005 水泥细度检验方法筛析法[S]. 北京：中国标准出版社，2005.
[19] 中华人民共和国国家市场监督管理总局，中国国家标准化管理委员会 . GB/T 8074—2008 水泥比表面积测定方法勃氏法[S]. 北京：中国标准出版社，2008.
[20] 中华人民共和国国家市场监督管理总局，中国国家标准化管理委员会 . GB/T 1346—2011 水泥标准稠度用水量、凝结时间、安定性检验方法[S]. 北京：中国标准出版社，2011.

[21] 国家质量技术监督局.GB/T 17671—1999 水泥胶砂强度检验方法(ISO法)[S]. 北京：中国标准出版社，1999.
[22] 中华人民共和国国家市场监督管理总局，中国国家标准化管理委员会.GB/T 25177—2010 混凝土用再生粗骨料[S]. 北京：中国标准出版社，2010.
[23] 中华人民共和国国家市场监督管理总局，中国国家标准化管理委员会.GB/T 25176—2010 混凝土和砂浆用再生细骨料[S]. 北京：中国标准出版社，2010.
[24] 中华人民共和国国家市场监督管理总局，中国国家标准化管理委员会.GB/T 1596—2017 用于水泥和混凝土中的粉煤灰[S]. 北京：中国标准出版社，2017.
[25] 中华人民共和国国家市场监督管理总局，中国国家标准化管理委员会.GB/T 18046—2017 用于水泥、砂浆和混凝土中的粒化高炉矿渣粉[S]. 北京：中国标准出版社，2017.
[26] 中华人民共和国国家市场监督管理总局，中国国家标准化管理委员会.GB/T 27690—2017 砂浆和混凝土用硅灰[S]. 北京：中国标准出版社，2011.
[27] 中华人民共和国国家市场监督管理总局，中国国家标准化管理委员会.GB/T 176—2017 水泥化学分析方法[S]. 北京：中国标准出版社，2017.
[28] 中华人民共和国国家市场监督管理总局，中国国家标准化管理委员会.GB/T 19587—2017 气体吸附BET法测定固态物质比表面积[S]. 北京：中国标准出版社，2017.
[29] 中华人民共和国国家市场监督管理总局，中国国家标准化管理委员会.GB/T 18736—2017 高强高性能混凝土用矿物外加剂[S]. 北京：中国标准出版社，2017.
[30] 中华人民共和国住房和城乡建设部.JG/T 223—2017 聚羧酸系高性能减水剂[S]. 北京：中国标准出版社，2017.
[31] 中华人民共和国国家市场监督管理总局，中国国家标准化管理委员会.GB/T 17431.1—2010 轻集料及其试验方法 第1部分：轻集料[S]. 北京：中国质检出版社，2010.
[32] 中华人民共和国国家市场监督管理总局，中国国家标准化管理委员会.GB/T 1499.1—2017 钢筋混凝土用钢 第1部分：热轧光圆钢筋[S]. 北京：中国标准出版社，2017.
[33] 中华人民共和国国家市场监督管理总局，中国国家标准化管理委员会.GB/T 1499.2—2018 钢筋混凝土用钢 第2部分：热轧带肋钢筋[S]. 北京：中国标准出版社，2018.
[34] 中华人民共和国国家市场监督管理总局，中国国家标准化管理委员会.GB/T 1499.3—2010 钢筋混凝土用钢 第3部分：钢筋焊接网[S]. 北京：中国标准出版社，2010.
[35] 中华人民共和国国家市场监督管理总局，中国国家标准化管理委员会.GB/T 20065—2016 预应力混凝土用螺纹钢筋[S]. 北京：中国标准出版社，2016.
[36] 中华人民共和国国家市场监督管理总局，中国国家标准化管理委员会.GB/T 5223—2014 预应力混凝土用钢丝 [S]. 北京：中国标准出版社，2014.
[37] 中华人民共和国国家市场监督管理总局，中国国家标准化管理委员会.GB/T 5224—2014 预应力混凝土用钢绞线[S]. 北京：中国标准出版社，2014.
[38] 中华人民共和国国家市场监督管理总局，中国国家标准化管理委员会.GB 13014—2013 钢筋混凝土用余热处理钢筋[S]. 北京：中国标准出版社，2013.
[39] 中华人民共和国国家市场监督管理总局，中国国家标准化管理委员会.GB/T 13788—2017 冷轧带肋钢筋[S]. 北京：中国标准出版社，2017.
[40] 中华人民共和国工业和信息化部.YB/T 4260—2011 高延性冷轧带肋钢筋[S]. 北京：冶金工业出版社，2011.
[41] 中华人民共和国住房和城乡建设部.JGJ 355—2015 钢筋套筒灌浆连接应用技术规程[S]. 北京：中国建筑工业出版社，2015.
[42] 中华人民共和国住房和城乡建设部.JG/T 398—2012 钢筋连接用灌浆套筒[S]. 北京：中国标准出版社，2012.

[43] 中华人民共和国住房和城乡建设部．JG/T 408—2013 钢筋连接用套筒灌浆料[S]. 北京：中国标准出版社，2013.
[44] 中华人民共和国住房和城乡建设部．JG/T 163—2013 钢筋机械连接用套筒[S]. 北京：中国标准出版社，2013.
[45] 住房和城乡建设部．GB 50046—2018 工业建筑防腐蚀设计规范[S]. 北京：中国计划出版社，2017.
[46] 中华人民共和国建设部．JG 225—2007 预应力混凝土用金属波纹管[S]. 北京：中国标准出版社，2007.
[47] 中华人民共和国国家市场监督管理总局，中国国家标准化管理委员会．GB/T 8923.1—2011 涂覆涂料前钢材表面处理 表面清洁度的目视评定 第1部分：未涂覆过的钢材表面和全面清除原有涂层后的钢材表面的锈蚀等级和处理等级[S]. 北京：中国标准出版社，2011.
[48] 中华人民共和国住房和城乡建设部．JGJ 85—2010 预应力筋用锚具、夹具和连接器应用技术规程[S]. 北京：中国建筑工业出版社，2010.
[49] 中华人民共和国国家市场监督管理总局，中国国家标准化管理委员会．GB/T 14370—2015 预应力筋用锚具、夹具和连接器[S]. 北京：中国标准出版社，2015.
[50] 中华人民共和国国家市场监督管理总局．GB/T 10801.1—2002 绝热用模塑聚苯乙烯泡沫塑料[S]. 北京：中国标准出版社，2002.
[51] 国家市场监督管理总局，国家标准化管理委员会．GB/T 10801.2—2018 绝热用挤塑苯乙烯泡沫塑料(XPS)[S]. 北京：中国标准出版社，2018.
[52] 山东省工程建设标准．J 12810—2014 装配整体式混凝土结构工程预制混凝土构件制作与验收规程[S]. 济南：山东省住房和城乡建设厅、山东省质量技术监督局联合发布，2014.
[53] 河北省工程建设标准．DB13(J)/T181—2015 装配式混凝土构件制作与验收标准[S]. 廊坊：中国建筑标准设计研究院，2015.
[54] 山东省工程建设标准．J 12811—2014 装配整体式混凝土结构工程施工与质量验收规程[S]. 济南：山东省住房和城乡建设厅、山东省质量技术监督局联合发布，2014.